高级编程技术应用（Python）

主　编　杨　迎

参　编　纪兆华　孙　奇　刘晓辉　李慧颖　韦立蓉

北京理工大学出版社

BEIJING INSTITUTE OF TECHNOLOGY PRESS

内 容 简 介

全书共 6 个项目，每个项目分为 3 ~ 4 个任务。本书将 Python 编程语言涵盖的基础知识、数据类型、运算符和表达式、程序基本控制结构、复合数据类型、函数、面向对象编程等内容融入项目任务。同时，教材项目设计涵盖了数据处理、网络运维、Web 开发、科学计算和深度学习等 Python 涉及的多个领域。通过项目任务深入浅出、结合典型案例全面讲解 Python 项目开发方法和流程，通过任务评价、课后任务等强化学习效果。

本书适合作为高职院校信息技术类相关专业程序设计的教材，也可以作为从事程序设计与应用开发的工程技术人员的参考书。

图书在版编目（CIP）数据

高级编程技术应用：Python ∕ 杨迎主编 . -- 北京：
北京理工大学出版社，2024.3
ISBN 978 - 7 - 5763 - 3752 - 5

Ⅰ.①高… Ⅱ.①杨… Ⅲ.①软件工具-程序设计-
教材 Ⅳ.①TP311.561

中国国家版本馆 CIP 数据核字（2024）第 061442 号

责任编辑：王玲玲		**文案编辑**：王玲玲	
责任校对：刘亚男		**责任印制**：施胜娟	

出版发行 ∕ 北京理工大学出版社有限责任公司

社　　址 ∕ 北京市丰台区四合庄路 6 号

邮　　编 ∕ 100070

电　　话 ∕ （010）68914026（教材售后服务热线）
　　　　　　　（010）63726648（课件资源服务热线）

网　　址 ∕ http：∕∕www.bitpress.com.cn

版 印 次 ∕ 2024 年 3 月第 1 版第 1 次印刷

印　　刷 ∕ 唐山富达印务有限公司

开　　本 ∕ 787 mm × 1092 mm　1/16

印　　张 ∕ 14.5

字　　数 ∕ 324 千字

定　　价 ∕ 73.00 元

前　言

　　本书是一本面向高等职业教育信息技术类专业的程序设计类教材，旨在帮助学习者在了解基础语法的同时，掌握 Python 语言的编程技术。本书的设计理念是基于 1 + X 职业技能标准中对 Python 学习目标的描述，为信息技术类专业核心课程的学习提供代码识别与编写的专业基础技能支撑。

　　全书共分为 8 个项目，每个项目都细分为 3 个或 4 个任务，涵盖了 Python 编程语言的基础知识、数据类型、运算符和表达式、程序基本控制结构、复合数据类型、函数、面向对象编程等内容。同时，教材项目设计还涵盖了数据处理、网络运维、Web 开发、科学计算和深度学习等 Python 涉及的多个领域。通过深入浅出的知识讲解，结合示例和任务实施，全面介绍了 Python 项目开发方法和流程。

　　本书特色在于强调实践性和应用性。通过具体的任务实施来引导学习，让学习者在解决实际问题的过程中理解和掌握知识点。每个任务后面都会提供任务评价，让学习者能够聚焦关键点获得反馈，并根据反馈进行学习策略的调整。通过拓展任务的方式，鼓励学习者将学到的知识应用到新的场景中，强化学习效果，以提高实战能力。这不仅有助于学习者更好地理解 Python 语言在信息技术领域的应用，而且能够激发学习者对编程的兴趣，提升他们解决问题的能力，培养创新思维。

　　本书项目 1 由孙奇负责编写、项目 2 由刘晓辉负责编写、项目 3 由李慧颖负责编写、项目 4 ~ 6 由杨迎负责编写、项目 7 由韦立蓉负责编写、项目 8 由纪兆华负责编写。全书由杨迎负责统稿。

　　本书不仅适合作为高职院校信息技术类相关专业程序设计的教材，也可作为从事程序设计与应用开发的工程技术人员的参考书。本书配套提供丰富的学习资源，包括电子讲稿 PPT、代码库、任务实施讲解视频等，以利于学习者进行自主学习。通过本书的学习，学习者能够深入了解 Python 编程语言的高级技术，并在未来的职业生涯中获得更多的发展机会。

编　者

目 录

第三部分　Python 在不同领域的应用

第一部分　Python 基础知识

项目 1
基本语法和数据类型

项目介绍

　　本项目旨在帮助学习者熟悉 Python 编程语言的基本语法规则和常见的数据类型。通过完成这个项目，学习者可以巩固和应用所学的 Python 知识，包括变量、运算符、字符串和列表等基本的数据类型和操作。

学习要求

1. Python 基本语法
　–理解 Python 的变量和命名规则。
　–熟悉 Python 中的基本数据类型，如整数、浮点数、布尔值和字符串。
　–掌握基本的运算符及其优先级。

2. 基本数据类型
　–字符串：理解字符串的定义、索引、切片和常见操作。
　–列表：掌握列表的定义、索引、切片、常见操作和列表推导式。

对应的 1 + X 考点

1. 字符串操作
　–字符串的拼接、切片、替换等操作。
　–字符串的格式化和常用方法的应用。

2. 列表操作
　–列表的添加、删除、修改等操作。
　–列表的排序和常用方法的应用。

任务1 认识变量和数据类型

任务目标

– 理解 Python 的基本语法和数据类型。
– 掌握变量的概念和使用方法。
– 熟悉 Python 中常用的数据类型及其操作方法。

任务要求

– 学习 Python 的基本语法，包括变量声明、赋值和使用。
– 掌握 Python 中的常用数据类型，如整数、浮点数、字符串、布尔值和列表。
– 理解数据类型之间的转换方法。
– 实施一个任务案例，应用所学的知识完成具体的编程任务。
– 对任务案例进行评价，检查代码的正确性和逻辑性。

相关知识

1. 变量声明和赋值

在 Python 中，声明和赋值变量非常简单且直接。给变量赋值时，Python 会自动推断出变量的数据类型。下面是一些基本的变量声明和赋值的例子：

```python
#给整数赋值
number = 10


#给浮点数赋值
pi = 3.14159


#给字符串赋值
greeting = "Hello,World!"


#给布尔值赋值
is_valid = True


#给列表赋值
fruits = ["apple","banana","cherry"]
```

变量赋值时，等号（=）左边是变量名，等号右边是要赋给变量的值。在 Python 中，变量名是大小写敏感的。

Python 也支持链式赋值，可以同时给多个变量赋同一个值：

```
x = y = z = 0  #x,y,z 都被赋值为 0
```

还可以在一行中对多个变量进行打包赋值（称为解包赋值）：

```
x,y,z = 1,2,3  #x 被赋值为 1,y 为 2,z 为 3
```

变量命名有一些规则和约定：

变量名必须以字母（a~z，A~Z）或下划线（_）开头，后面可以跟字母、数字（0~9）或下划线。

变量名不能是 Python 的保留关键字，如 if、for、class 等（Python 的保留关键字详见本教材附录）。

变量名应该尽量具有描述性，比如使用 name 或 age，而不是无意义的字母如 n 或 a。

对于变量名的命名风格，Python 的约定是使用小写字母和下划线分隔，这称为蛇形命名法（snake_case）。例如，student_name 或 price_of_book。

2. 常用基本数据类型

－整型（int）：用于表示整数，没有大小限制，如 1，100，－10。

－浮点型（float）：用于表示实数（包括小数），如 1.23，3.14，－0.001。

－布尔型（bool）：用于表示逻辑真值或假值，只有两个常量：True 和 False。在参与算术运算时，True 相当于数值 1，False 相当于数值 0。

－字符串（str）：用于表示文本数据，由字符组成，如 "Hello, World!"。字符串的表示需要由单引号（'…'）、双引号（"…"）或三引号（'''…''' 或 """…"""）包围，三引号用于多行字符串。字符串中的每个元素都是一个字符。引号中间的空格也代表一个字符。

－列表（list）：用于存储一系列可变的数据项，如 [1, 2, 3] 或 ['apple', 'banana', 'cherry']。

这些数据类型是 Python 编程中的核心，几乎所有的 Python 程序都会用到它们。Python 是动态类型语言，在声明变量时，不需要提前明确数据类型；数据类型会在运行时自动确定。

3. 数据类型转换

在实际编程中，类型转换是非常常见的，程序员需要在不同类型之间进行操作和转换，以满足不同的编程需求。

```
#整数转换为浮点数
num_int = 10
num_float = float(num_int)
print(num_float)  #输出:10.0

#浮点数转换为整数
num_float = 3.14
```

```
num_int = int(num_float)
print(num_int)   #输出:3

#将数字转换为字符串
num_int = 300
str_num = str(num_int)
print(str_num)   #输出:'300'

#字符串转换为整数,注意,字符串必须是整数表示形式
str_num = "150"
num_int = int(str_num)
print(num_int)   #输出:150

#字符串转换为列表
str_val = "Hello"
list_val = list(str_val)
print(list_val)   #输出:['H','e','l','l','o'],注意,字符串类型要加引号表示
```

任务实施

计算圆的面积和周长。编写一个程序，根据用户输入的圆的半径，计算并输出圆的面积和周长。

计算圆的面积和周长

```
import math

radius = float(input("请输入圆的半径:"))

area = math.pi * radius * radius
circumference = 2 * math.pi * radius

print("圆的面积为:",area)
print("圆的周长为:",circumference)
```

运行结果：

```
请输入圆的半径: 3
圆的面积为: 28.274333882308138
圆的周长为: 18.84955592153876
```

任务评价

任务评价表

任务名称		认识变量和数据类型				
评价项目	评价标准		分值标准	自评	互评	教师评价
任务完成情况	代码是否能正确执行，并输出正确的结果		15 分			
	变量的命名是否合理		15 分			
	是否对用户输入进行了合理的验证和处理	共60分	15 分			
	计算圆的面积和周长的公式是否正确应用		15 分			
工作态度	态度端正，工作认真		10 分			
工作完整	能按时完成全部任务		10 分			
协调能力	与小组成员之间能够合作交流、协调工作		10 分			
职业素质	能够做到安全生产，爱护公共设施		10 分			
合计			100 分			
综合评分（自评占 30%、小组互评占 20%、教师评价占 50%）						

拓展任务

1. 声明一个整数变量 num，并赋值为 10。打印变量的值。
2. 声明一个浮点数变量 pi，并赋值为 3.14159。打印变量的值。
3. 声明一个字符串变量 name，并赋值为 John。打印变量的值。
4. 将整数变量 num 转换为字符串类型，并将结果赋值给新的变量 num_str。打印新变量的值。
5. 将浮点数变量 pi 转换为整数类型，并将结果赋值给新的变量 pi_int。打印新变量的值。

拓展任务参考答案

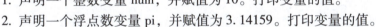

任务2　认识运算符和表达式

任务目标

- 理解 Python 中常用的运算符和表达式的概念。
- 掌握不同类型的运算符的使用方法。
- 能够应用运算符和表达式解决实际问题。

任务要求

–学习 Python 中常用的运算符和表达式。

–理解运算符的优先级和结合性。

–完成一个任务实施案例，应用所学的运算符和表达式。

相关知识

1. 算术运算符

用于执行基本的数学运算。

```
#加法
addition = 5 + 3
print('加法:',addition)    #输出:加法:8

#减法
subtraction = 5 - 3
print('减法:',subtraction)    #输出:减法:2

#乘法
multiplication = 5 * 3
print('乘法:',multiplication)    #输出:乘法:15

#字符串乘法(重复)
string_repetition = 'a' * 3
print('字符串乘法:',string_repetition)    #输出:字符串乘法:aaa

#除法
division = 8 / 2
print('除法:',division)    #输出:除法:4.0

#整除
floor_division = 8 // 3
print('整除:',floor_division)    #输出:整除:2

#取模(求余数)
modulo = 8 % 3
print('取模:',modulo)    #输出:取模:2

#指数(幂运算)
```

```
exponentiation = 2 ** 3
print('指数:',exponentiation)   #输出:指数:8
```

注意，输出结果中，除法/始终返回浮点数，而整除//则返回整数结果，取模运算符%返回的是两数相除的余数，而指数运算符 ** 用于求幂。

2. 比较运算符

用于比较两个值的大小。

包括：等于"=="、不等于"!="、大于">"、小于"<"、大于等于">="、小于等于"<="。比较运算符常用于控制流语句中，如 if 条件语句。以下是使用比较运算符的示例，比较两个变量的值，并根据比较的结果打印不同的语句。

```
a = 10
b = 20

#等于
if a == b:
    print("a 等于 b")
else:
    print("a 不等于 b")   #这将被执行

#大于等于
if a >= b:
    print("a 大于或等于 b")
else:
    print("a 小于 b")   #这将被执行

#小于
if a < b:
    print("a 小于 b")   #这将被执行

#不等于
if a != b:
    print("a 不等于 b")   #这将被执行
```

运行结果：

```
a 不等于 b
a 小于 b
a 小于 b
a 不等于 b
```

3. 逻辑运算符

用于组合和操作布尔值。

– 与 "and"：如果两个操作数都为真，则结果为真；否则，为假。

– 或 "or"：如果两个操作数中有一个为真，则结果为真；否则，为假。

– 非 "not"：对操作数取反，如果操作数为真，则结果为假；如果操作数为假，则结果为真。

以下是逻辑运算符的示例：

```
a = True
b = False
print(a and b)   #结果:False,因为 b 是 False
print(a or b)    #结果:True,因为 a 是 True


a = True
print(not a)     #结果:False,因为 a 是 True,not a 是 False
```

逻辑运算符也可以应用于非布尔值。在这种情况下，非零数值、非空对象、非空字符串等都被视为等同于 True，而零、None 和空字符串被视为 False。下面是一些示例：

```
print(0 and 1)   #结果:0,因为 0 被视为 False
print(1 and 2)   #结果:2,因为两个数值都被视为 True,所以返回最后一个 True 值
print(0 or 1)    #结果:1,因为 1 被视为 True
print(1 or 2)    #结果:1,因为 1 是第一个 True 值
print(not 1)     #结果:False,因为 1 被视为 True,所以 not 1 是 False
print(not 0)     #结果:True,因为 0 被视为 False,所以 not 0 是 True
```

4. 成员运算符

用于检测一个序列中是否包含某个指定的值。

– in 运算符：如果指定的值在序列中，返回 True。

– not in 运算符：如果指定的值不在序列中，返回 True。

序列可以是字符串、列表、元组、集合或字典等（元组、集合、字典属于复合数据类型，参看本教材项目 3 内容）。下面是使用成员运算符的示例。

```
#列表示例
list_example = [1,2,3,4,5]

#使用 in 运算符检查 3 是否在列表中
print(3 in list_example)   #输出:True

#使用 not in 运算符检查 6 是否不在列表中
print(6 not in list_example)   #输出:True
```

```
#字符串示例
string_example = "Hello,World!"

#使用 in 运算符检查子字符串"World"是否在字符串中
print("World" in string_example)    #输出:True

#使用 not in 运算符检查子字符串"Python"是否不在字符串中
print("Python" not in string_example)    #输出:True

#元组示例
tuple_example = ('a','b','c')

#使用 in 运算符检查 'a' 是否在元组中
print('a' in tuple_example)    #输出:True

#集合示例
set_example = {1,2,3}

#使用 in 运算符检查 4 是否在集合中
print(4 in set_example)    #输出:False

#字典示例
dict_example = {'key1':'value1','key2':'value2'}

#使用 in 运算符检查 'key1' 是否是字典的键
print('key1' in dict_example)    #输出:True

#注意:in 运算符用于字典时,它检查的是字典的键,不是值
print('value1' in dict_example)    #输出:False
```

5. 运算符优先级

在 Python 中,运算符具有不同的优先级,它们决定了表达式中运算符的执行顺序。以下是 Python 中常见运算符的优先级从高到低的顺序。

(1)括号:(),括号中的表达式具有最高的优先级。

(2)幂运算:**,幂运算具有第二高的优先级,它用于计算一个数的指数。

(3)乘法、除法和取模运算:*、/、//和%,这些运算符具有相同的优先级,从左到右依次执行。

(4)加法和减法运算:+和-,这两个运算符具有相同的优先级,从左到右依次执行。

(5)位运算:<<、>>、&、|、^,按位运算符的优先级较低。

(6)比较运算符:<、>、<=、>=、==和!=,比较运算符的优先级较低。

（7）逻辑运算符：not、and、or，逻辑运算符的优先级最低。

当表达式中有多个运算符时，Python 根据运算符的优先级来确定它们的执行顺序。如果有多个运算符具有相同的优先级，那么它们将从左到右执行（除了幂运算符 **，它是从右到左执行的）。

为了避免优先级问题带来的困惑，可以使用括号来明确指定运算的顺序。括号中的表达式会首先被计算，然后再计算其他部分。

任务实施

（1）编写一个程序，判断一个年份是否为闰年。用户输入一个年份，程序判断并输出结果。

判断一个年份
是否为闰年

```
#获取用户输入的年份
year = int(input("请输入一个年份:"))

#判断是否为闰年
is_leap_year = (year % 4 ==0 and year % 100 !=0) or year % 400 ==0

#输出结果
if is_leap_year:
    print(year,"是闰年")
else:
    print(year,"不是闰年")
```

运行结果：

```
请输入一个年份: 2000
2000 是闰年
```

```
请输入一个年份: 2023
2023 不是闰年
```

实现一个简单
计算器

（2）编写一个程序，提示用户输入一个数学表达式，然后将该表达式计算的结果输出到屏幕上。

```
#提示用户输入数学表达式
expression = input("请输入数学表达式:")

#使用 eval() 函数计算表达式结果
try:
    result = eval(expression)
    print("计算结果:",result)
except:
    print("输入的表达式无效,请重新输入!")
```

运行结果：

> **请输入数学表达式：** *1+2*3*
> **计算结果：** **7**

说明：在这个程序中，使用了 input（）函数来获取用户输入的数学表达式，并将其保存在 expression 变量中。然后，使用 eval（）函数对该表达式进行计算，并将结果保存在 result 变量中。最后，通过使用 print（）函数将计算结果输出到屏幕上。

eval（）函数将用户输入的字符串作为 Python 表达式进行计算，因此，请确保输入的表达式是有效且安全的。在实际应用中，应该对用户输入进行适当的验证和处理，以确保程序的安全性。

运行这个程序并输入数学表达式进行测试。例如，输入"2 + 3 * 4"将输出结果"14"。如果输入的表达式无效，程序将输出一条错误消息。

该程序是一个简单的计算器示例，可以根据需要进行扩展和改进，以满足更复杂的计算需求。

任务评价

任务评价表

任务名称	认识运算符和表达式				
评价项目	评价标准	分值标准		自评	互评	教师评价
任务完成情况	正确使用了 Python 的基本语法，如缩进、语句结束符等	共60分	10 分			
	正确使用了适当的运算符和表达式，如使用%进行取模运算、使用 and 和 or 进行逻辑运算		10 分			
	正确使用了条件语句，如使用 if 和 else 根据判断结果输出不同的结果		10 分			
	input（）函数能够获取用户输入的数学表达式		10 分			
	如果输入的表达式无效，程序会输出一条错误消息		10 分			
	输入不同的数学表达式，计算器程序能够正确计算并输出结果		10 分			
工作态度	态度端正，工作认真	10 分				
工作完整	能按时完成全部任务	10 分				
协调能力	与小组成员之间能够合作交流、协调工作	10 分				
职业素质	能够做到安全生产，爱护公共设施	10 分				
合计		100 分				
综合评分（自评占30%、小组互评占20%、教师评价占50%）						

拓展任务参考答案

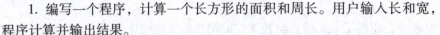

1. 编写一个程序，计算一个长方形的面积和周长。用户输入长和宽，程序计算并输出结果。

2. 编写一个程序，将摄氏温度转换为华氏温度。用户输入摄氏温度，程序计算并输出结果。

3. 编写一个程序，交换两个变量的值。用户输入两个变量的值，程序交换并输出结果。

4. 编写一个程序，计算一个等差数列的前 n 项和。用户输入首项、公差和项数，程序计算并输出结果。

任务 3　认识字符串和列表

任务目标

－理解 Python 中字符串和列表的概念。
－掌握字符串和列表的基本操作方法。
－能够应用字符串和列表解决实际问题。

任务要求

－学习 Python 中字符串和列表的基本操作方法。
－理解字符串和列表的索引、切片、连接和修改等操作。
－完成一个任务实施案例，应用所学的字符串和列表操作。

相关知识

1. 字符串操作

Python 提供了许多内置的字符串操作方法，可以进行搜索、验证、转换、分割、合并等操作。下面是一些常用的字符串方法示例。

基本操作：

（1）连接（Concatenation）：使用 + 操作符来连接字符串。

```
string1 = 'Hello'
string2 = 'World'
result = string1 + ' ' + string2   #结果是 'Hello World'
```

（2）重复（Repetition）：使用 * 操作符来重复字符串。

```
string = 'Python! '
result = string * 3   #结果是 'Python! Python! Python! '
```

（3）访问（Accessing）：使用索引来访问字符串中的特定字符。

```
string = 'Hello World'
char = string[0]   #结果是 'H'
```

搜索和替换：

（1）find（）和 rfind（）：find（）方法返回子字符串第一次出现的索引，如果没有找到，则返回 −1。rfind（）是从字符串的右侧开始搜索。

```
string = 'Hello World'
index = string.find('World')   #结果是 6
```

（2）replace（）：替换字符串中的子字符串。

```
string = 'Hello World'
new_string = string.replace('World','Python')   #结果是 'Hello Python'
```

大小写转换：

（1）upper（）和 lower（）：upper（）方法将字符串中的所有字符转换为大写，lower（）方法将它们转换为小写。

```
string = 'Python'
upper_string = string.upper()   #结果是'PYTHON'
lower_string = string.lower()   #结果是'python'
```

（2）capitalize（）：将字符串的第一个字符转换为大写。

```
string = 'hello world'
new_string = string.capitalize()  #结果是 'Hello world'
```

（3）title（）：将每个单词的首字母都转换为大写。

```
string = 'hello world'
new_string = string.title()   #结果是 'Hello World'
```

分割和合并：

（1）split（）：将字符串分割成一个列表。

```
string = 'apple,banana,cherry'
list_of_fruits = string.split(',')   #结果是['apple','banana','cherry']
```

（2）join（）：将列表的元素合并成一个字符串。

```
list_of_fruits = ['apple','banana','cherry']
string = ','.join(list_of_fruits)   #结果是 'apple,banana,cherry'
```

去除空白：

strip（）：移除字符串前后的空白字符（如空格、换行符等）。

```
string = '   Hello World   '
stripped_string = string.strip()   #结果是 'Hello World'
```

格式化：

（1）format()：用于创建一个格式化的字符串。

```
string = 'Hello'
formatted_string = string.format('John','Doe')   #结果是 'Hello John Doe'
```

（2）f-strings：从 Python 3.6 开始，可以使用 f-string 来内嵌表达式。只需在字符串前加上字母 f 或 F，并将表达式放在大括号 {} 中。

```
name = 'John'
age = 30
string = f'Hello,my name is {name} and I am {age} years old.'
#结果是 'Hello,my name is John and I am 30 years old.'
```

2. 列表操作

在 Python 中，列表（list）是一种用于存储可变数据的集合类型，适合用于需要集合操作的场景。列表是很多 Python 程序的重要组成部分，提供了丰富的操作和方法。以下是一些常见的列表操作和方法。

创建列表：

```
my_list = [1,2,3]   #创建一个包含数字的列表
names = ['Alice','Bob','Charlie']   #创建一个包含字符串的列表
```

访问元素：

```
element = my_list[0]   #访问第一个元素,结果是1
last_element = my_list[-1]   #访问最后一个元素,结果是3
```

修改元素：

```
my_list[0] = 10   #将第一个元素修改为10
```

添加元素：

```
my_list.append(4)   #在列表末尾添加新元素 4
my_list.insert(1,'inserted')   #在索引 1 的位置插入字符串'inserted'
```

删除元素

```
del my_list[1]   #删除索引 1 的元素
my_list.remove('inserted')   #删除列表中第一个出现的值为'inserted'的元素
popped_element = my_list.pop()   #移除列表的最后一个元素并返回它
```

列表合并：

```
list_one = [1,2,3]
list_two = [4,5,6]
combined_list = list_one + list_two    #结果是[1,2,3,4,5,6]
```

列表乘法：

```
repeated_list = [1,2,3] * 3    #结果是[1,2,3,1,2,3,1,2,3]
```

获取长度：

```
length = len(my_list)    #返回列表中元素的数量
```

列表切片：

```
sub_list = my_list[1:3]    #获取索引1到3的元素列表
```

列表排序：

```
numbers = [3,1,4,1,5,9,2,6]
numbers.sort()    #将列表中的元素排序
names.sort(key = len)    #按照元素的长度排序
```

列表反转：

```
numbers.reverse()    #反转列表中元素的顺序
```

列表推导式：

```
squares = [x ** 2 for x in range(10)]    #创建一个包含0到9每个数平方的列表
```

检查元素是否在列表中：

```
is_present = 1 in my_list    #检查元素1是否在my_list中,返回True或False
```

列表遍历：

```
for item in my_list:
    print(item)    #打印列表中的每个元素
```

列表的列表推导式：

```
matrix = [[1,2,3],[4,5,6],[7,8,9]]
flattened = [num for row in matrix for num in row]
#将矩阵扁平化为一个列表
```

任务实施

开发一个简单的待办事项管理程序。需要实现以下功能：

– 用户可以添加新的待办事项。
– 用户可以查看当前所有的待办事项。

实现一个简单的
待办事项管理程序

– 用户可以标记已完成的待办事项。

– 用户可以删除已完成的待办事项。

```python
#创建一个空列表来存储待办事项
todos = []

while True:
    print("待办事项管理程序")
    print("1. 添加新的待办事项")
    print("2. 查看当前所有的待办事项")
    print("3. 标记已完成的待办事项")
    print("4. 删除已完成的待办事项")
    print("5. 退出程序")

    choice = input("请输入要执行的操作编号:")

    if choice == "1":
        todo = input("请输入新的待办事项:")
        todos.append(todo)
        print("待办事项已添加")
    elif choice == "2":
        if len(todos) == 0:
            print("当前没有待办事项")
        else:
            print("当前的待办事项:")
            for index, todo in enumerate(todos):
                print(index + 1, ". ", todo)
    elif choice == "3":
        index = int(input("请输入要标记为已完成的待办事项的编号:"))
        if index >= 1 and index <= len(todos):
            todos[index - 1] = "√ " + todos[index - 1]
            print("待办事项已标记为已完成")
        else:
            print("无效的待办事项编号")
    elif choice == "4":
        index = int(input("请输入要删除的已完成待办事项的编号:"))
        if index >= 1 and index <= len(todos):
            del todos[index - 1]
            print("已完成待办事项已删除")
        else:
            print("无效的待办事项编号")
    elif choice == "5":
        break
```

```
    else:
        print("无效的操作编号")
```

运行结果：

待办事项管理程序

1．添加新的待办事项

2．查看当前所有的待办事项

3．标记已完成的待办事项

4．删除已完成的待办事项

5．退出程序

请输入要执行的操作编号：*2*

当前没有待办事项

待办事项管理程序

1．添加新的待办事项

2．查看当前所有的待办事项

3．标记已完成的待办事项

4．删除已完成的待办事项

5．退出程序

请输入要执行的操作编号：*1*

请输入新的待办事项：*跑步*

待办事项管理程序

1．添加新的待办事项

2．查看当前所有的待办事项

3．标记已完成的待办事项

4．删除已完成的待办事项

5．退出程序

请输入要执行的操作编号：*3*

请输入要标记为已完成的待办事项的编号：*1*

待办事项已标记为已完成

待办事项管理程序

1．添加新的待办事项

2．查看当前所有的待办事项

3．标记已完成的待办事项

4．删除已完成的待办事项

5．退出程序

请输入要执行的操作编号：*2*

当前的待办事项：

1．✔ 跑步

待办事项管理程序

1. 添加新的待办事项

2. 查看当前所有的待办事项

3. 标记已完成的待办事项

4. 删除已完成的待办事项

5. 退出程序

请输入要执行的操作编号：4

请输入要删除的已完成待办事项的编号：1

已完成待办事项已删除

待办事项管理程序

1. 添加新的待办事项

2. 查看当前所有的待办事项

3. 标记已完成的待办事项

4. 删除已完成的待办事项

5. 退出程序

请输入要执行的操作编号：2

当前没有待办事项

任务评价

任务评价表

任务名称	认识字符串和列表				
评价项目	评价标准	分值标准		自评	互评	教师评价
任务完成情况	正确使用了 Python 的基本语法，如循环、条件语句等	共60分	20 分			
	正确使用了字符串和列表相关的操作，如索引、切片、连接、修改等		20 分			
	能够正确执行用户的操作，并给出正确的输出结果		20 分			
工作态度	态度端正，工作认真	10 分				
工作完整	能按时完成全部任务	10 分				
协调能力	与小组成员之间能够合作交流、协调工作	10 分				
职业素质	能够做到安全生产，爱护公共设施	10 分				
合计		100 分				
综合评分（自评占30%、小组互评占20%、教师评价占50%）						

拓展任务

1. 编写一个程序，输出一个字符串的长度。

2. 编写一个程序，将一个字符串中的所有大写字母转换为小写字母。

3. 编写一个程序，将一个字符串中的所有空格替换为下划线。

4. 编写一个程序，找出一个列表中的最大值和最小值，并输出它们。

拓展任务参考答案

5. 编写一个程序，判断一个字符串是否为回文。用户输入一个字符串，程序判断并输出结果。回文是指正读和倒读都一样的字符串。例如，"level"是一个回文字符串。

请注意，在编写代码时，可以使用字符串和列表的内置方法和函数来简化操作。（字符串和列表的内置方法见附录 4。）

项目 2
程序基本控制结构

项目介绍

本项目旨在帮助学习者掌握 Python 的基本控制结构，包括条件语句和循环语句。通过完成这个项目，学习者可以熟悉条件语句（如 if - else 语句）和循环语句（如 for 循环和 while 循环）的使用，能够编写具有逻辑判断和循环执行功能的 Python 程序。

学习要求

基本控制结构
- 条件语句：理解条件语句的基本语法和用法，包括 if 语句和 if - else 语句。
- 循环语句：理解循环语句的基本语法和用法，包括 for 循环和 while 循环。

对应的 1 + X 考点

1. **条件语句的应用**
 - 多重条件判断（if - elif - else 语句）的使用。
 - 嵌套条件语句的编写。
2. **循环语句的应用**
 - 利用 for 循环遍历列表、字符串等数据结构。
 - 利用 while 循环实现特定的循环逻辑。

任务 1 使用条件语句

任务目标

- 理解条件语句在编程中的作用和原理。
- 掌握 Python 中条件语句的基本语法和用法。
- 能够根据条件执行不同的代码块。

任务要求

– 了解条件语句的概念和用途。
– 学习掌握 Python 中的 if 语句、if – else 语句和 if – elif – else 语句的语法。
– 理解条件表达式和布尔运算符的使用。

相关知识

1. 条件语句

条件语句是一种编程结构，用于根据给定条件的真假来执行不同的代码块。在 Python 中，条件语句使用 if、else 和 elif 关键字来实现。

2. if 语句

if 语句用于检查一个条件是否为真，如果为真，则执行相应的代码块。if 语句的基本语法如下。

```
if condition:
    #执行代码块
```

3. if – else 语句

if – else 语句在 if 条件为真时执行一个代码块，在条件为假时执行另一个代码块。if – else 语句的基本语法如下。

```
if condition:
    #执行代码块 1
else:
    #执行代码块 2
```

4. if – elif – else 语句

if – elif – else 语句用于检查多个条件，并根据条件的真假执行相应的代码块。elif 是 "else if" 的缩写形式。if – elif – else 语句的基本语法如下。

```
if condition1:
    #执行代码块 1
elif condition2:
    #执行代码块 2
else:
    #执行代码块 3
```

任务实施

编写一个程序，根据用户输入的分数来判断他们的等级。根据以下条件，给出相应的等级：

实现根据用户输入的
分数来判断等级

  - 分数大于等于90：输出"优秀"
  - 分数大于等于80：输出"良好"
  - 分数大于等于70：输出"中等"
  - 分数大于等于60：输出"及格"
  - 分数小于60：输出"不及格"

```python
score = int(input("请输入你的分数:"))

if score >= 90:
    print("优秀")
elif score >= 80:
    print("良好")
elif score >= 70:
    print("中等")
elif score >= 60:
    print("及格")
else:
print("不及格")
```

运行结果：

```
请输入你的分数：85
良好
```

```
请输入一个正整数：5
阶乘结果为：120
```

任务评价

任务评价表

任务名称	使用条件语句					
评价项目	评价标准		分值标准	自评	互评	教师评价
任务完成情况	能够正确使用条件语句	共60分	20分			
	语法使用正确		20分			
	程序根据用户输入的分数输出相应的等级		20分			

续表

任务名称	使用条件语句				
评价项目	评价标准	分值标准	自评	互评	教师评价
工作态度	态度端正，工作认真	10 分			
工作完整	能按时完成全部任务	10 分			
协调能力	与小组成员之间能够合作交流、协调工作	10 分			
职业素质	能够做到安全生产，爱护公共设施	10 分			
合计		100 分			
综合评分（自评占 30%、小组互评占 20%、教师评价占 50%）					

拓展任务

1. 编写一个程序，判断一个数是否为偶数，并输出相应的结果。

2. 编写一个程序，根据用户输入的年龄判断是否可以参加某个活动。**拓展任务参考答案** 如果年龄大于等于 18，输出"可以参加活动"，否则，输出"不符合年龄要求"。

3. 编写一个程序，根据用户输入的月份输出相应的季节。假设 1~3 月为春季，4~6 月为夏季，7~9 月为秋季，10~12 月为冬季。

4. 编写一个程序，根据用户输入的年份判断是否为闰年。如果能被 4 整除但不能被 100 整除，或者能被 400 整除，就是闰年，否则不是闰年。

5. 编写一个程序，根据用户输入的成绩判断是否及格。成绩大于等于 60 为及格，输出"及格"，否则，输出"不及格"。

任务 2　使用循环结构

任务目标

– 理解循环结构在编程中的作用和原理。

– 掌握 Python 中循环结构的基本语法和用法。

– 能够使用循环结构来重复执行代码块。

任务要求

– 了解循环结构的概念和用途。

– 学习掌握 Python 中的 while 循环和 for 循环的语法。

– 理解循环控制语句（break 和 continue）的使用。

相关知识

1. 循环结构

循环结构是一种编程结构，用于重复执行一段代码，直到满足某个条件才停止。在 Python 中，循环结构主要有两种形式：while 循环和 for 循环。

2. while 循环

while 循环在满足条件时重复执行一段代码块，直到条件不再为真为止。while 循环的基本语法如下。

```
while condition:
    #执行代码块
```

3. for 循环

for 循环用于遍历一个可迭代对象（如列表、字符串等），每次迭代取出一个元素，并执行相应的代码块。for 循环的基本语法如下。

```
for element in iterable:
    #执行代码块
```

4. 循环控制语句

– break 语句用于立即终止循环，并跳出循环体。
– continue 语句用于跳过当前迭代，继续下一次迭代。

计算并输出
一个数的阶乘

任务实施

编写一个程序，要求用户输入一个正整数，然后计算并输出这个数的阶乘。

```
num = int(input("请输入一个正整数:"))
factorial = 1

if num < 0:
    print("输入错误！请输入一个正整数。")
elif num == 0:
    print("0 的阶乘为 1")
else:
    while num > 0:
        factorial* = num
        num - = 1

    print("阶乘结果为:",factorial)
```

运行结果：

> 请输入一个正整数：5
> 阶乘结果为：120

任务评价

任务评价表

任务名称	使用循环结构					
评价项目	评价标准	分值标准		自评	互评	教师评价
任务完成情况	正确完成分支结构语句编写	共60分	15分			
	正确完成 while 循环体的代码编写		15分			
	理解阶乘的计算过程		15分			
	能够正确使用循环结构计算出一个正整数的阶乘		15分			
工作态度	态度端正，工作认真	10分				
工作完整	能按时完成全部任务	10分				
协调能力	与小组成员之间能够合作交流、协调工作	10分				
职业素质	能够做到安全生产，爱护公共设施	10分				
合计		100分				
综合评分（自评占30%、小组互评占20%、教师评价占50%）						

拓展任务

1. 编写一个程序，计算 1~100 之间所有偶数的和。

2. 编写一个程序，输入一个正整数，判断它是否为素数（只能被 1 和自身整除的数）。　拓展任务参考答案

3. 编写一个程序，输出斐波那契数列的前 n 项，其中 n 是用户输入的正整数。

4. 编写一个程序，统计用户输入的一段字符串中各个字符的个数，并输出结果。不区分大小写。

5. 编写一个程序，找出一个列表中的最大值，并输出结果。列表元素由用户输入。

任务3 异常处理

任务目标

- 理解异常处理在程序中的作用和原理。
- 掌握 Python 中异常处理的基本语法和用法。
- 能够使用异常处理机制来捕获和处理程序中的异常。

任务要求

- 了解异常处理的概念和用途。
- 学习掌握 Python 中的 try – except 语句的语法。
- 理解异常处理的工作原理和常见用法。

相关知识

1. 异常处理

异常是指程序在运行过程中遇到的错误或异常情况。异常处理是一种机制，用于处理这些异常情况，防止程序崩溃，并提供适当的处理方式。

2. try – except 语句

try – except 语句用于捕获并处理可能引发异常的代码块。try 块包含可能引发异常的代码，而 except 块用于指定异常类型和处理异常的代码块。基本语法如下：

```
try:
    #可能引发异常的代码
except ExceptionType:
    #处理异常的代码
```

3. 异常类型

异常类型用于指定需要处理的异常的类型。常见的异常类型有：
- Exception：捕获所有异常的基类。
- ValueError：值错误。
- TypeError：类型错误。
- IndexError：索引错误。
- FileNotFoundError：文件不存在错误。

举例说明如何使用异常处理来捕获除零错误。

```
try:
```

```
    x = 1 / 0
except ZeroDivisionError:
    print("You can't divide by zero!")
```

运行结果:

```
You can't divide by zero!
```

4. 异常处理的基本结构

```
try:
    #尝试执行的代码块
    #可能会抛出异常的代码
except ExceptionType1:
    #当 ExceptionType1 异常发生时的处理代码
except(ExceptionType2,ExceptionType3)as e:
    #当 ExceptionType2 或 ExceptionType3 异常发生时的处理代码
    #可以通过变量 e 访问异常对象
except:
    #处理所有其他类型的异常的代码
else:
    #如果没有异常发生,则执行此块中的代码
finally:
    #无论是否发生异常,都将执行此块中的代码
    #常用于执行清理工作,如关闭文件或释放资源
```

例如，捕获特定的异常并包含 else 和 finally 块：

```
def divide(x,y):
    try:
        result = x/y
    except ZeroDivisionError as e:
        print("You can't divide by zero!")
        print(f"An error occurred:{e}")
    except TypeError as e:
        print("All inputs must be numbers!")
        print(f"An error occurred:{e}")
    else:
        print(f"The result is {result}")
    finally:
        print("Executing finally clause")


#正常情况
divide(10,2)
```

```
#将引发 ZeroDivisionError 的情况
divide(10,0)
#将引发 TypeError 的情况
divide(10,'a')
```

运行结果：

```
The result is 5.0
Executing finally clause
You can't divide by zero!
An error occurred: division by zero
Executing finally clause
All inputs must be numbers!
An error occurred: unsupported operand type(s) for /: 'int' and 'str'
Executing finally clause
```

任务实施

编写一个程序，要求用户输入两个数字，并计算它们的商。如果用户输入的是非数字字符或者除数为0，则捕获异常并输出错误信息。

实现输入两个数字、计算商，并具有异常处理功能

```
try:
    num1 = float(input("请输入第一个数字:"))
    num2 = float(input("请输入第二个数字:"))
    result = num1/num2
    print("计算结果为:",result)
except ValueError:
    print("输入的不是数字,请重新输入。")
except ZeroDivisionError:
    print("除数不能为 0,请重新输入。")
```

任务评价

任务评价表

任务名称	异常处理					
评价项目	评价标准	分值标准		自评	互评	教师评价
任务完成情况	理解异常处理的作用	共60分	15分			
	了解常见的异常类型有哪些		15分			
	能够正确使用异常处理机制来捕获和处理可能出现的异常		15分			
	通过异常处理机制提高了程序的健壮性和容错性		15分			

续表

任务名称	异常处理				
评价项目	评价标准	分值标准	自评	互评	教师评价
工作态度	态度端正，工作认真	10 分			
工作完整	能按时完成全部任务	10 分			
协调能力	与小组成员之间能够合作交流、协调工作	10 分			
职业素质	能够做到安全生产，爱护公共设施	10 分			
合计		100 分			
综合评分 （自评占 30%、小组互评占 20%、教师评价占 50%）					

拓展任务

拓展任务参考答案

1. 编写一个程序，要求用户输入一个数字，并计算它的平方根。如果用户输入的是负数，则捕获异常并输出错误信息。

2. 编写一个程序，让用户输入一个整数，并计算其倒数。如果用户输入的是 0，则捕获异常并输出错误信息。

3. 编写一个程序，读取一个文件的内容，并输出文件的前 10 行。如果文件不存在，则捕获异常并输出错误信息。

4. 编写一个程序，要求用户输入一个字符串，并将其转换为整数。如果用户输入的不是合法的整数字符串，则捕获异常并输出错误信息。

5. 编写一个程序，让用户输入一个列表的索引，然后输出该索引对应的元素。如果索引超出列表范围，则捕获异常并输出错误信息。

第二部分　Python 高级特性

项目 3
复合数据类型

项目介绍

　　本项目旨在帮助学习者熟悉 Python 中的复合数据类型，包括列表、元组和字典，并涵盖推导式、深拷贝和浅拷贝的概念。通过完成这个项目，学习者可以掌握复合数据类型的定义、操作和常见用法，以及如何使用推导式创建数据结构，以及深浅拷贝的概念和使用方法。

学习要求

1. 复合数据类型
- 列表：（内容参看项目 1 任务 3）。
- 元组：理解元组的定义、索引、切片和不可变性。
- 字典：理解字典的定义、键值对的操作和常见方法的应用。

2. 推导式
- 理解推导式的概念和基本语法。
- 掌握列表推导式、字典推导式和集合推导式的应用。

3. 深拷贝和浅拷贝
- 理解深拷贝和浅拷贝的概念。
- 掌握 copy 模块和 copy( ) 方法的使用。

对应的 1 + X 考点

1. 推导式的应用
- 列表推导式、字典推导式和集合推导式的使用。
- 带条件的推导式的编写。

2. 深浅拷贝的应用
- 理解深拷贝和浅拷贝的区别。
- 使用 copy 模块和 copy( ) 方法进行深浅拷贝操作。

使用元组和字典

任务目标

- 理解元组和字典在 Python 中的概念和用途。
- 掌握元组和字典的基本语法和操作方法。
- 能够使用元组和字典来存储和操作数据。

任务要求

- 了解元组和字典的特点和区别。
- 学习掌握元组和字典的创建、访问和修改方法。
- 熟悉元组和字典的常用操作和方法。

相关知识

1. 元组

元组（tuple）是一种不可变的有序序列，使用圆括号（）来创建。元组的元素可以是不同类型的数据，可以通过索引访问。元组的特点是不可修改，一旦创建后，其中的元素不能被改变。以下是一些常见的元组操作。

创建元组：

```
my_tuple = (1,2,3)   #创建一个包含数字的元组
names = ('Alice','Bob','Charlie')   #创建一个包含字符串的元组
single_element_tuple = (42,)   #只有一个元素的元组需要后面加逗号
```

访问元素：

```
element = my_tuple[0]   #访问第一个元素,结果是1
last_element = my_tuple[-1]   #访问最后一个元素,结果是3
```

元组切片：

```
sub_tuple = my_tuple[1:3]   #获取索引 1 到 3 的元素元组
```

合并元组：

```
tuple_one = (1,2,3)
tuple_two = (4,5,6)
combined_tuple = tuple_one + tuple_two   #结果是(1,2,3,4,5,6)
```

元组乘法（重复）：

```
repeated_tuple =(1,2,3)* 3　#结果是(1,2,3,1,2,3,1,2,3)
```

获取长度：

```
length = len(my_tuple)　#返回元组中元素的数量
```

包含性检查：

```
is_present =1 in my_tuple
#检查元素 1 是否在 my_tuple 中,返回 True 或 False
```

元组推导式（生成器表达式）：

```
#注:这实际上会生成一个生成器对象而不是一个元组
squares_gen =(x** 2 for x in range(10))

#可以通过元组构造函数 tuple()将生成器转换为元组
squares_tuple = tuple(squares_gen)
```

元素计数：

```
count = my_tuple.count(1)　#计算元组中值为 1 的元素出现的次数
```

元素索引：

```
index = names.index('Alice')　#找到'Alice'首次出现的索引
```

遍历元组：

```
for item in my_tuple:
    print(item)　#打印元组中的每个元素
```

由于元组是不可变的，不能对它们使用 .append()、.remove() 或 .pop() 这些方法，这些方法适用于列表。不过，元组的不可变性带来了一些优势，例如，它们可以作为字典的键使用，而列表则不能。此外，元组在某些情况下可能比列表更加高效。

2. 字典

字典（dictionary）是一种可变的无序序列，使用花括号｛｝来创建。字典的每个元素都是一个键值对（key – value pair），每个键值对之间用逗号分隔。键必须是不可变类型，通常是字符串或数字，而值可以是 Python 支持的任何数据类型。字典的特点是通过键来访问和修改值。

字典是 Python 中用于存储和操作数据集合的重要数据类型，提供了丰富的内置操作。以下是一些常见的字典操作。

创建字典：

```
my_dict = {"name":"Alice","age":25,"city":"New York"}
#创建空字典
```

```
empty_dict = {}
#访问元素
name = my_dict["name"]   #如果键不存在,将引发 KeyError
age = my_dict.get("age")   #如果键不存在,返回 None
```

添加或修改元素:

```
my_dict["email"] = "alice@ example.com"   #添加新键值对
my_dict["age"] = 26   #更新现有键的值
```

删除元素:

```
del my_dict["age"]   #删除键为"age"的条目
#使用 pop 方法删除并返回键为"name"的值
popped_value = my_dict.pop("name","No name found")   #如果键不存在,返回默认值
```

获取所有键或值:

```
keys = my_dict.keys()   #获取所有键
values = my_dict.values()   #获取所有值
```

获取所有键值对:

```
items = my_dict.items()   #获取所有键值对
```

检查键是否存在:

```
has_name = "name" in my_dict   #如果键在字典中存在,返回 True
```

遍历字典:

```
for key,value in my_dict.items():
    print(f"Key:{key},Value:{value}")
```

字典推导式:

```
squares = {x:x* x for x in range(6)}
#创建一个字典,键为 0 到 5,值为键的平方
```

合并字典:

```
dict_one = {"a":1,"b":2}
dict_two = {"b":3,"c":4}
dict_one.update(dict_two)   #将 dict_two 的键值对合并到 dict_one 中,存在相同键时,会更
```
新值

字典复制:

```
#浅复制
my_dict_copy = my_dict.copy()
#或者使用 dict 构造函数
```

```
my_dict_copy = dict(my_dict)
```

清空字典:

```
my_dict.clear()    #删除所有的键值对,使其变成空字典
```

字典的默认值:

```
from collections import defaultdict
#创建一个默认值为 int 的字典,当访问不存在的键时,返回 0
int_default_dict = defaultdict(int)
```

字典的灵活性和高效的键值对存储方式使其成为处理结构化数据和复杂数据模型的强大工具。

使用字典处理学生
成绩管理系统数据

任务实施

开发一个学生成绩管理系统,需要存储学生的姓名和对应的成绩。决定用字典来存储学生信息,其中,键为学生姓名,值为对应的成绩。实施以下任务:

1. 创建一个空的字典来存储学生信息。
2. 用户输入学生姓名和成绩,将其添加到字典中。
3. 用户输入学生姓名,程序输出对应的成绩。
4. 用户输入学生姓名和新的成绩,程序修改字典中对应学生的成绩。

```
student_scores = {}    #添加学生信息
name = input("请输入学生姓名:")
score = float(input("请输入学生成绩:"))
student_scores[name] = score

#访问学生成绩
name = input("请输入学生姓名:")
if name in student_scores:
    print("学生",name,"的成绩为:",student_scores[name])
else:
    print("未找到该学生的信息。")

#修改学生成绩
name = input("请输入要修改的学生姓名:")
if name in student_scores:
    new_score = float(input("请输入学生成绩:"))
    student_scores[name] = new_score
    print("学生",name,"的成绩已修改为:",new_score)
else:
    print("未找到该学生的信息。")
```

运行结果:

```
请输入学生姓名：Alice
请输入学生成绩：90
请输入学生姓名：Alice
学生 Alice 的成绩为：90.0
请输入要修改的学生姓名：Alice
请输入学生成绩：85
学生 Alice 的成绩已修改为：85.0
```

任务评价

任务评价表

任务名称	使用元组和字典					
评价项目	评价标准	分值标准		自评	互评	教师评价
任务完成情况	能够正确创建空白字典	共60分	15 分			
	能够正确给字典添加键值对		15 分			
	能够正确访问字典中的键值对		15 分			
	能够正确修改字典中的键值对		15 分			
工作态度	态度端正，工作认真	10 分				
工作完整	能按时完成全部任务	10 分				
协调能力	与小组成员之间能够合作交流、协调工作	10 分				
职业素质	能够做到安全生产，爱护公共设施	10 分				
合计		100 分				
综合评分（自评占30%、小组互评占20%、教师评价占50%）						

拓展任务

1. 创建一个元组，包含你喜欢的三种水果的名称。
2. 创建一个空的字典，用于存储学生的姓名和对应的年龄。
3. 给上述字典添加两个学生的信息。
4. 将字典中一个学生的年龄修改为新的年龄。
5. 给定一个字典，输出字典中所有键的列表。

拓展任务参考答案

任务 2　使用集合和列表推导式

任务目标

– 理解集合和列表推导式在 Python 中的概念和用途。
– 掌握集合和列表推导式的基本语法和用法。
– 能够使用推导式来简化代码和生成新的数据结构。

任务要求

– 了解集合和列表推导式的特点和区别。
– 学习掌握集合和列表推导式的语法和基本用法。
– 熟悉推导式的常见应用场景。

相关知识

1. 集合推导式

集合推导式是一种用来生成集合的快捷方式。使用花括号 {} 和可选的条件语句来创建集合推导式。集合推导式可以根据某个规则生成满足条件的元素，并将其放入集合中。集合是一个无序的不重复元素序列。

集合推导式的基本语法如下：

```
{expression for item in iterable if condition}
```

说明：这里的 expression 是根据迭代 iterable 中的 item 计算得出的表达式，condition 是一个可选的条件语句，用于筛选满足条件的 item。

以下是一个使用集合推导式创建集合的例子。

```
#从一个列表创建一个集合,列表中的每个元素平方后成为集合的元素
squared_set = {x** 2 for x in[1,2,3,4,5]}

#打印创建的集合
print(squared_set)

输出:
{1,4,9,16,25}
```

这个集合包含了原始列表 [1，2，3，4，5] 中每个数字的平方，而且由于集合的唯一性质，结果中不会包含重复的元素。

还可以在集合推导式中包含条件语句，例如，只计算列表中偶数的平方。

```
#创建一个集合,其中只包含原始列表中偶数的平方
even_squared_set = {x**2 for x in[1,2,3,4,5]if x%2 ==0}

#打印创建的集合
print(even_squared_set)

输出:
{16,4}
```

集合推导式常被用于移除列表或者序列中的重复项,以及对数据进行特定的过滤或者转换。

2. 列表推导式

列表推导式是一种用来生成列表的快捷方式。使用方括号 [ ] 和可选的条件语句来创建列表推导式。它使用了一种紧凑的语法,这种语法基本上是将一个循环和相关的逻辑组合在一行代码中。列表推导式可以用来生成列表、过滤数据以及应用函数。

列表推导式的基本语法如下:

```
[expression for item in iterable]
```

或者包含可选的条件语句:

```
[expression for item in iterable if condition]
```

说明:

- expression 是一个任意的表达式,用于指定如何计算或者处理 iterable 中的每个 item。
- item 是 iterable 中的对象。
- iterable 是一个可以迭代的对象,比如列表、元组、集合等。
- condition 是一个可选的逻辑条件,用于过滤 iterable 中的 item。

通过几个例子详细理解列表推导式。

1) 基本的列表推导式

```
#使用列表推导式创建一个包含 0 ~ 9 每个数字的平方的列表
squares =[i**2 for i in range(10)]
print(squares)

输出:
[0,1,4,9,16,25,36,49,64,81]
```

2) 带有条件的列表推导式

```
#仅包含 0 ~9 之间偶数的平方的列表
even_squares =[i**2 for i in range(10)if i%2 ==0]
```

```
print(even_squares)

输出:
[0,4,16,36,64]
```

在这个例子中，if i%2==0 是条件表达式，它确保只有偶数才会被计算平方并加入新的列表中。

3）嵌套循环的列表推导式

```
#创建一个所有可能的坐标对(x,y)的列表,其中,x是1~3之间的数,y是4~6之间的数
coordinates=[(x,y)for x in range(1,4)for y in range(4,7)]
print(coordinates)

输出:
[(1,4),(1,5),(1,6),(2,4),(2,5),(2,6),(3,4),(3,5),(3,6)]
```

在这个例子中，有两个嵌套的循环。外部循环迭代 x 的值，内部循环迭代 y 的值。对于 x 的每个值，内部循环都会完整地执行。

4）表达式中的复杂逻辑

```
#创建一个列表,其中包含字符串'spam'中每个字符重复 n 次的字符串,n是0~4之间的数
spam='spam'
spam_repeated=[char* n for char in spam for n in range(5)]
print(spam_repeated)

输出:
['','s','ss','sss','ssss','','p','pp','ppp','pppp','','a','aa','aaa','aaaa',
'','m','mm','mmm','mmmm']
```

这里使用两个嵌套的循环来重复字符串'spam'中的每个字符 n 次，其中，n 是0~4。

注意：

列表推导式可以提高代码的可读性，但如果推导式非常复杂，那么它可能会变得难以理解。在这种情况下，使用普通的循环可能是更好的选择。

列表推导式创建了一个新的列表。如果只是想迭代一个序列来执行某些操作（比如打印值），使用普通的 for 循环可能更合适。

避免在列表推导式中使用过多的逻辑，因为这会减少代码的清晰性。如果列表推导式过于复杂，最好分解为多个步骤，或者重构为函数。

任务实施

开发一个电子商务网站，需要根据用户的购物车来生成一个包含所有购买商品的列表，决定使用列表推导式来实现。实施以下任务：

1. 创建一个包含用户购物车商品的集合。
2. 使用列表推导式生成一个包含购买所有商品的列表，每个商品只

使用列表推导式来实现生成一个购买商品的列表

出现一次。

```
shopping_cart = {"apple","banana","apple","orange","banana"}

#使用列表推导式生成购买商品列表
purchase_list = [item for item in shopping_cart]

print("购买商品列表:")
print(purchase_list)
```

运行结果:

```
购买商品列表:
['banana', 'orange', 'apple']
```

任务评价

任务评价表

任务名称		使用集合和列表推导式				
评价项目	评价标准		分值标准	自评	互评	教师评价
任务完成情况	创建一个包含用户购物车商品的集合	共60分	20分			
	能够正确使用列表推导式生成符合条件的列表		20分			
	每个商品只出现一次		20分			
工作态度	态度端正，工作认真		10分			
工作完整	能按时完成全部任务		10分			
协调能力	与小组成员之间能够合作交流、协调工作		10分			
职业素质	能够做到安全生产，爱护公共设施		10分			
合计			100分			
综合评分（自评占30%、小组互评占20%、教师评价占50%）						

拓展任务

拓展任务参考答案

1. 使用集合推导式创建一个包含 1~10 之间所有偶数的集合。
2. 使用列表推导式创建一个包含 1~10 之间所有奇数的列表。
3. 使用列表推导式创建一个包含 1~10 之间所有能被 3 整除的数字的列表。
4. 使用集合推导式创建一个包含 1~10 之间所有能被 3 整除的集合。
5. 使用列表推导式创建一个包含字符串"hello"中所有字符的列表。

任务 3　使用深、浅拷贝

任务目标

- 理解深拷贝和浅拷贝的概念和区别。
- 掌握在 Python 中进行深拷贝和浅拷贝的方法和技巧。
- 能够正确选择和使用深拷贝和浅拷贝来处理数据对象。

任务要求

- 了解深拷贝和浅拷贝的概念和应用场景。
- 学习掌握深拷贝和浅拷贝的方法和区别。
- 熟悉深拷贝和浅拷贝的使用场景和注意事项。

相关知识

在 Python 中，对象赋值操作涉及对象的引用，而非对象本身。这意味着，当程序员创建一个对象后，再将其赋给另一个变量时，两个变量实际上指向的是同一个对象。这种行为在可变对象（如列表、字典等）中尤其需要注意，因为当修改其中一个变量所引用的对象时，所有指向该对象的变量都会反映出这种变化。

为了解决这个问题，Python 提供了两种拷贝机制：深拷贝（Deep Copy）和浅拷贝（Shallow Copy）。

1. 深拷贝

深拷贝是一种创建一个完全独立的对象的方式，它会复制原始对象及其所有嵌套的对象。深拷贝创建的对象和原始对象是完全独立的，修改其中一个对象不会影响另一个对象。

在 Python 中，可以使用 copy 模块中的 deepcopy() 函数来执行深拷贝。

2. 浅拷贝

浅拷贝是一种创建一个新对象的方式，它会复制原始对象及其一级嵌套对象。浅拷贝创建的对象和原始对象共享一部分数据，修改其中一个对象可能会影响另一个对象。

在 Python 中，可以使用 copy 模块中的 copy() 函数来执行浅拷贝。

以下是一个深拷贝的例子，展示了其与浅拷贝的差异。

```
import copy

#原始的列表
original_list =[[1,2,3],[4,5,6]]
```

```
#浅拷贝
shallow_copied_list = copy.copy(original_list)

#深拷贝
deep_copied_list = copy.deepcopy(original_list)

#修改原始列表
original_list[0][0] = 'X'

print(original_list)            #输出:[['X',2,3],[4,5,6]]
print(shallow_copied_list)      #输出:[['X',2,3],[4,5,6]],因为子列表是共享的
print(deep_copied_list)         #输出:[[1,2,3],[4,5,6]],因为子列表是独立的副本
```

在这个例子中，original_list 包含两个子列表。当对原始列表执行浅拷贝时，shallow_copied_list 将引用这两个相同的子列表。因此，当修改 original_list[0][0] 时，这个修改也会反映在 shallow_copied_list 上。

而对于深拷贝的 deep_copied_list，由于它包含的是子列表的副本，所以原始列表的更改不会影响到它。

深拷贝比浅拷贝花费更多的时间和内存，因为它需要创建所有子对象的副本。因此，在不需要完整复制所有层级的情况下，通常首选浅拷贝。当对象包含复杂的嵌套结构，且需要一个完全独立的副本时，深拷贝是更好的选择。

任务实施

开发一个程序，需要处理一个包含学生信息的嵌套列表。想要创建一个副本以进行后续的操作，但又不希望修改副本对原始数据产生影响，可以使用深拷贝来实现。实施以下任务：

使用深拷贝处理一个
包含学生信息的嵌套列表

1. 创建一个包含学生信息的嵌套列表。
2. 使用深拷贝创建一个副本。
3. 修改副本中的一个学生信息。
4. 打印副本和原始列表，观察是否对原始列表产生了影响。

```
import copy

students = [['Alice',20],['Bob',21],['Charlie',19]]

#使用深拷贝创建副本
students_copy = copy.deepcopy(students)

#修改副本中的一个学生信息
students_copy[0][1] = 22
```

```
    print("副本:")
    print(students_copy)

    print("原始列表:")
    print(students)
```

运行结果：

```
副本:
[['Alice', 22], ['Bob', 21], ['Charlie', 19]]
原始列表:
[['Alice', 20], ['Bob', 21], ['Charlie', 19]]
```

任务评价

完成任务后，应该能够正确选择和使用深拷贝来创建独立的对象副本，并理解深拷贝和浅拷贝的区别。

任务评价表

任务名称	使用深浅拷贝					
评价项目	评价标准		分值标准	自评	互评	教师评价
任务完成情况	创建一个包含学生信息的嵌套列表		12 分			
	能够使用深拷贝创建一个副本		12 分			
	能够实现修改副本中的一个学生信息	共 60 分	12 分			
	打印副本和原始列表，观察是否对原始列表产生了影响		12 分			
	理解深拷贝和浅拷贝的区别		12 分			
工作态度	态度端正，工作认真		10 分			
工作完整	能按时完成全部任务		10 分			
协调能力	与小组成员之间能够合作交流、协调工作		10 分			
职业素质	能够做到安全生产，爱护公共设施		10 分			
合计			100 分			
综合评分（自评占 30%、小组互评占 20%、教师评价占 50%）						

拓展任务

1. 使用浅拷贝创建一个包含字典和列表的嵌套结构的副本。

2. 使用深拷贝创建一个包含自定义对象的列表的副本。

3. 创建一个包含嵌套列表和字典的数据结构，并使用浅拷贝创建一个副本。

4. 创建一个包含嵌套列表和字典的数据结构，并使用深拷贝创建一个副本。

拓展任务参考答案

5. 创建一个包含嵌套列表和字典的数据结构，并修改副本中的某个嵌套对象，观察对原始对象的影响。

项目 4
函　数

本项目旨在帮助学习者掌握 Python 函数的定义、调用和参数传递的概念，以及函数的返回值和递归等高级用法。通过完成这个项目，学习者能够编写可复用的函数，实现特定功能，并能够解决实际问题。

学习要求

函数的基本概念
- 理解函数的定义和调用。
- 掌握函数参数的传递方式，包括位置参数、关键字参数和默认参数。

对应的 1 + X 考点

1. 函数的高级用法
- 掌握函数的返回值和递归的概念。
- 理解函数的嵌套和闭包。

2. 函数的应用
- 编写常用函数，如求平均值、求最大值等。
- 用函数解决实际问题，如计算阶乘、斐波那契数列等。

任务 1　函数定义和参数传递

任务目标

- 理解 Python 函数的定义和调用的基本概念。
- 掌握函数定义的语法和规则。

－理解参数传递的方式及其影响。

－能够正确定义和调用函数，并传递参数。

任务要求

－了解函数的定义和调用的基本概念。

－学习函数定义的语法和规则。

－理解 Python 中的参数传递方式。

－能够定义和调用函数，并正确传递参数。

相关知识

1. 函数定义与调用

在 Python 中，函数是组织好的，可重复使用的，用来实现单一或相关联功能的代码段。函数可以提高应用的模块性和代码的重复利用率。可以定义一个函数来提供所需的功能，之后可以在程序中多次调用该函数。

以下是函数定义的格式：

```
def function_name(parameters):
    """docstring"""
    statement(s)
```

说明：

- def 是声明函数的关键字。
- function_name 是函数的名称，用于标识函数。
- parameters 是函数可以接收的参数列表，是可选的；可以定义一个没有参数的函数。
- docstring 是一个可选的字符串，用来描述函数的作用，也称为文档字符串。
- statement(s) 是组成函数体的代码块，可以执行任何操作。

函数定义之后，可以通过以下方式调用它。

```
function_name(arguments)
```

说明：在这里，arguments 是调用函数时传递给函数的值。参数是函数内部处理的数据的占位符，而实际传递给函数的值称为实参。

下面是一个简单的函数定义及其调用的例子。

```
#定义一个函数,该函数将两个数相加并打印结果
def add_numbers(a,b):
    """This function adds two numbers and prints the result."""
    result = a + b
    print(result)


#调用函数
add_numbers(3,5)              #输出:8
```

说明：这段代码定义了一个名为 add_numbers 的函数，它接受两个参数 a 和 b，并打印它们的和。然后，函数通过传递实参 3 和 5 被调用，打印输出 8。

2. 参数传递

函数定义时的参数称为形参，而调用函数时所传递的参数称为实参。

在函数调用时，参数可以按值传递或按引用传递。对于不可变对象（如数字、字符串、元组），按值传递；对于可变对象（如列表、字典），按引用传递。

在 Python 中，函数参数的传递方式可以分为以下几种。

1）位置参数（Positional Arguments）

这是最常见的参数传递方式。调用函数时，Python 会根据参数的位置把它们映射到函数定义中相应的参数上。

```python
def greet(name,message):
    print(f"Hello {name},{message}")

#位置参数的调用
greet("Alice","good morning!")
```

输出：

```
Hello Alice, good morning!
```

在这个例子中，"Alice" 被映射到 name，"good morning!" 被映射到 message。

2）关键字参数（Keyword Arguments）

在调用函数时，可以通过"键=值"的形式为参数赋值，这样参数的顺序就不重要了。

```python
#关键字参数的调用
greet(message = "good evening!",name = "Bob")
```

这里，即使 message 参数在调用中出现在 name 之前，Python 也能正确识别。

3）默认参数（Default Arguments）

函数定义时，可以为参数提供默认值。调用函数时，如果没有传递该参数，则会使用默认值。

```python
def greet(name,message = "good day!"):
    print(f"Hello {name},{message}")

#使用默认参数调用
greet("Carol")
```

输出：

```
Hello Carol, good day!
```

在此调用中，没有为 message 提供值，因此使用了默认值"good day!"。

4）可变参数（Arbitrary Arguments）

如果不确定有多少参数会传递给被调用的函数，可以使用 * args 和 ** kwargs 接受任意数量的位置或关键字参数。

- * args 接受任意数量的位置参数，它们被封装成一个元组（tuple）。
- ** kwargs 接受任意数量的关键字参数，它们被封装成一个字典（dictionary）。

```python
def greet(* args,** kwargs):
    for arg in args:
        print(arg)
    for key in kwargs:
        print(key,":",kwargs[key])


#可变参数的调用
greet("Hello","Alice",message = "good night!",time = "10PM")
```

输出：

```
Hello
Alice
message : good night!
time : 10PM
```

任务实施

定义一个函数来计算学生的平均分数

开发一个学生管理系统，需要定义一个函数来计算学生的平均分数。实施以下任务：

1. 定义一个名为 calculate_average 的函数，接受一个学生分数的列表作为参数。
2. 在函数体内，计算列表中所有分数的平均值。
3. 返回平均值。
4. 调用函数，并传递一个学生分数的列表作为参数。
5. 打印返回的平均值。

```python
def calculate_average(scores):
    total = sum(scores)
    average = total/len(scores)
    return average


student_scores =[80,75,90,85]
average_score = calculate_average(student_scores)
print("平均分数:",average_score)
```

运行结果：

```
平均分数: 82.5
```

任务评价

任务评价表

任务名称	函数定义和参数传递				
评价项目	评价标准	分值标准		自评	互评	教师评价
任务完成情况	能够成功定义函数，并接受一个学生分数的列表作为参数	共60分	12 分			
	能够调用函数		12 分			
	能够正确传递参数		12 分			
	能够理解参数传递的方式		12 分			
	函数体能够正确计算列表中所有分数的平均值		12 分			
工作态度	态度端正，工作认真	10 分				
工作完整	能按时完成全部任务	10 分				
协调能力	与小组成员之间能够合作交流、协调工作	10 分				
职业素质	能够做到安全生产，爱护公共设施	10 分				
合计		100 分				
综合评分（自评占30%、小组互评占20%、教师评价占50%）						

拓展任务

1. 定义一个函数，接受两个参数，并返回它们的乘积。
2. 定义一个函数，接受一个字符串参数，并返回字符串的长度。
3. 定义一个函数，接受一个列表参数，并返回列表中的最大值。
4. 定义一个函数，接受一个字典参数，并返回字典中的键的列表。
5. 定义一个函数，接受一个可变数量的参数，并返回它们的和。

拓展任务参考答案

任务2　使用匿名函数和高阶函数

任务目标

– 理解匿名函数的概念和用途。
– 掌握 Python 中匿名函数的语法和使用方法。
– 理解高阶函数的概念和特点。
– 能够使用高阶函数解决问题。

- 了解匿名函数和高阶函数的基本概念。
- 学习匿名函数的语法和使用方法。
- 理解高阶函数的概念和特点。
- 能够使用匿名函数和高阶函数解决问题。

相关知识

1. 匿名函数

匿名函数是一种使用 lambda 关键字定义的简洁的、无须正式函数定义的函数。它们通常用于编写简单的、一次性的或短小的函数。Python 中的匿名函数可以接受任意数量的参数，但只能有一个表达式。

匿名函数的基本语法如下：

```
lambda arguments:expression
```

说明：这里 lambda 是一个关键字，arguments 是参数列表，而 expression 是一个关于这些参数的表达式。匿名函数自身没有名称，这就是被称为"匿名"的原因。expression 是在函数被调用时计算的，然后返回结果。

匿名函数的特点是：

- lambda 函数可以有任意数量的参数，但只能有一个表达式。
- 表达式是在函数被调用时计算的，不像标准的函数那样可以包含多个语句。
- lambda 函数返回的是表达式的结果，不需要使用 return 语句。

匿名函数通常用在需要函数对象的地方，比如高阶函数或者某些内置函数的参数。常见的使用场景包括 sorted( )、filter( )、map( ) 等函数。

下面是一些匿名函数的例子。

（1）将 lambda 函数赋值给变量。

```
#定义一个 lambda 函数,并将其赋值给变量 add
add = lambda x,y:x + y

#通过变量名调用 lambda 函数
print(add(3,5))    #输出结果将是 8
```

（2）作为其他函数的参数使用。

```
#使用 lambda 函数作为 sorted 函数的 key 参数
pairs = [(1,'one'),(2,'two'),(3,'three'),(4,'four')]
pairs.sort(key = lambda pair:pair[1])

print(pairs)    #将根据数字对应的英文单词排序
```

（3）在列表推导式或循环中使用。

```
#使用 lambda 函数在列表推导式中
numbers =[1,2,3,4,5]
squared =[(lambda x:x* x)(x)for x in numbers]

print(squared)  #输出:[1,4,9,16,25]
```

匿名函数由于其简洁性，对于编写简短的函数非常有用，但是如果函数复杂或需要多次使用，通常建议定义一个正式的函数。

2. 高阶函数

高阶函数（Higher – order function）在编程中是一个重要的概念，特别是在函数式编程范式中。一个函数如果满足以下条件之一，它就被认为是高阶函数：

- 接受一个或多个函数作为参数。
- 返回一个函数作为结果。

高阶函数的用途非常广泛，它可以用于抽象或捕获常见的编程模式。在 Python 中，许多内置函数和标准库函数都是高阶函数。

下面是一些常见的高阶函数的例子。

1）map( )

map( ) 函数接受一个函数和一个可迭代对象作为输入，并返回一个新的迭代器，将输入函数应用于可迭代对象中的每个元素。

```
def square(x):
    return x* x

numbers =[1,2,3,4,5]
squared_numbers =map(square,numbers)
print(list(squared_numbers))  #输出:[1,4,9,16,25]
```

2）filter( )

filter( ) 函数接受一个函数和一个可迭代对象，并返回一个新的迭代器，包含所有使输入函数返回值为 True 的原可迭代对象的元素。

```
def is_even(x):
    return x % 2 ==0

numbers =[1,2,3,4,5]
even_numbers =filter(is_even,numbers)
print(list(even_numbers))  #输出:[2,4]
```

3）reduce( )

reduce( ) 函数在 functools 模块中，它接受一个函数（这个函数必须接受两个参数）和一个可迭代对象，然后重复应用这个函数到可迭代对象的元素上，每次应用都将前一次的结果和下一个元素一起作为参数传递给该函数，直到只剩下一个结果为止。

```
from functools import reduce

def add(x,y):
    return x + y

numbers = [1,2,3,4,5]
result = reduce(add,numbers)
print(result)    #输出:15
```

Python 中的高阶函数还可以返回另外一个函数，这对于创建定制的、可复用的函数非常有用。例如：

```
def make_multiplier(x):
    def multiplier(n):
        return x* n
    return multiplier

times3 = make_multiplier(3)
times5 = make_multiplier(5)

print(times3(9))    #输出:27
print(times5(3))    #输出:15
```

在这个例子中，make_multiplier( ) 函数创建并返回了一个 multiplier( ) 函数，后者用来将其参数乘以一个指定的数值。

高阶函数在编写抽象和可复用代码时非常有用，因为可以将操作的逻辑（如何映射、过滤或者组合数据）与数据本身分离开来。这有助于提高代码的模块性和灵活性。

任务实施

开发一个学生成绩管理系统，需要使用匿名函数和高阶函数来处理学生的分数。实施以下任务：

1. 定义一个名为 process_scores 的高阶函数，接受一个分数列表和一个匿名函数作为参数。

2. 在函数体内，使用匿名函数对分数列表进行处理（例如，求平均值、筛选及格分数等）。

3. 返回处理后的结果。

4. 调用 process_scores 函数，并传递一个分数列表和一个匿名函数作为参数。

5. 打印返回的结果。

使用匿名函数和
高阶函数来处理
学生的分数

```
def process_scores(scores,func):
    result = func(scores)
```

```
        return result

    student_scores = [80,75,90,85]

    average_score = process_scores(student_scores,lambda x:sum(x)/len(x))
    print("平均分数:",average_score)

    passing_scores = process_scores(student_scores,lambda x:[score for score in x if
score >= 60])
    print("及格分数:",passing_scores)
```

运行结果:

```
平均分数: 82.5
及格分数: [80, 75, 90, 85]
```

任务评价

完成任务后,应该能够理解匿名函数和高阶函数的概念,并能够使用它们解决问题。同时,也应该能够灵活运用匿名函数和高阶函数来简化代码。

任务评价表

任务名称	使用匿名函数和高阶函数					
评价项目	评价标准		分值标准	自评	互评	教师评价
任务完成情况	定义一个名为 process_scores 的高阶函数,接受一个分数列表和一个匿名函数作为参数		10分			
	在函数体内,能够使用匿名函数对分数列表求平均值		10分			
	返回处理后的结果给 average_score	共60分	10分			
	在函数体内,能够使用匿名函数从分数列表中筛选出及格分数		10分			
	能够理解匿名函数和高阶函数的概念		10分			
	能够理解匿名函数和高阶函数的简化代码		10分			
工作态度	态度端正,工作认真		10分			
工作完整	能按时完成全部任务		10分			
协调能力	与小组成员之间能够合作交流、协调工作		10分			

续表

任务名称	使用匿名函数和高阶函数				
评价项目	评价标准	分值标准	自评	互评	教师评价
职业素质	能够做到安全生产，爱护公共设施	10 分			
合计		100 分			
综合评分 （自评占 30%、小组互评占 20%、教师评价占 50%）					

拓展任务

1. 定义一个高阶函数，接受一个函数和一个列表作为参数，并返回对列表中每个元素应用函数后的结果。

拓展任务参考答案

2. 定义一个高阶函数，接受一个函数和两个列表作为参数，并返回两个列表按元素进行运算后的结果。

3. 定义一个匿名函数，接受一个数字参数，并返回它的平方。

4. 定义一个匿名函数，接受两个数字参数，并返回较大的数字。

5. 定义一个匿名函数，接受一个字符串参数，并返回它的逆序字符串。

任务3 使用函数装饰器和闭包

任务目标

– 理解函数装饰器和闭包的概念和用途。

– 掌握 Python 中函数装饰器和闭包的语法和使用方法。

– 能够使用函数装饰器和闭包解决问题。

任务要求

– 了解函数装饰器和闭包的基本概念。

– 学习函数装饰器和闭包的语法和使用方法。

– 能够使用函数装饰器和闭包解决问题。

相关知识

1. 函数装饰器

函数装饰器是 Python 中一个非常有用和强大的特性，它们允许在不修改函数内部代码的情况下，增加函数的功能。本质上，装饰器是一个返回函数的高阶函数。

装饰器的工作原理是，定义一个函数，将它作为参数传递给装饰器函数，然后返回一个新的函数，这个新函数通常会包含一些额外的功能，然后调用原始函数。

装饰器的语法通常是使用@符号，紧跟装饰器函数的名称，放在需要装饰的函数定义之前。

下面是一个简单的装饰器示例。

```python
def my_decorator(func):
    def wrapper():
        print("Something is happening before the function is called.")
        func()
        print("Something is happening after the function is called.")
    return wrapper

#使用装饰器
@ my_decorator
def say_hello():
    print("Hello!")

say_hello()
```

输出：

```
Something is happening before the function is called.
Hello!
Something is happening after the function is called.
```

在上面的代码中，调用 say_hello() 时，实际上调用的是由 my_decorator 返回的 wrapper 函数。此函数首先执行一些操作（在这个例子中是打印一条消息），然后调用原始的 say_hello 函数，再执行 wrapper 函数中定义的其他操作。

装饰器可以用来做很多有用的事情，比如：日志记录、访问控制、性能测试、缓存结果、数据验证。

装饰器也可以带参数，这种情况下，实际上需要编写一个返回装饰器的函数。

下面是一个带参数的装饰器示例，用于重复执行一个函数多次。

```python
def repeat(num_times):
    def decorator_repeat(func):
        def wrapper(* args,** kwargs):
            for _ in range(num_times):
                value = func(* args,** kwargs)
            return value
        return wrapper
    return decorator_repeat

#使用带参数的装饰器
@ repeat(num_times = 4)
```

```
def greet(name):
    print(f"Hello {name}")

greet("World")
```

输出：

```
Hello World
Hello World
Hello World
Hello World
```

在上面的代码中，repeat 函数是一个装饰器工厂，它接受一个参数 num_times，并返回一个装饰器。装饰器 decorator_repeat 接受一个函数并返回 wrapper 函数，后者将原始函数调用 num_times 次。

装饰器是 Python 高级编程中非常强大的工具，可以非常优雅和表达性的方式增强函数功能。

2. 闭包

闭包（Closure）指的是由另一个函数动态生成并返回的函数。这个返回的函数不仅能够使用在其函数体内的变量，还能使用创建它的函数中的变量，即使创建它的函数已经执行结束。

闭包的一个典型特征就是它能够记住自己被创建时的环境。闭包通常涉及嵌套函数，其中外部函数返回内部函数，而内部函数将继续访问外部函数的局部变量。

下面是一个创建闭包的例子：

```
def outer_function(msg):
    message = msg

    def inner_function():
        print(message)

    return inner_function

hi_func = outer_function('Hi')
bye_func = outer_function('Bye')

hi_func()    #输出:Hi
bye_func()    #输出:Bye
```

在这个例子中，outer_function 创建了一个局部变量 message，然后定义了一个内部函数 inner_function。这个内部函数打印外部函数的局部变量 message。最后，outer_function 返回 inner_function，但并没有调用它。

可以看到，每当调用 outer_function 时，即使在 outer_function 执行完毕后，inner_function 仍然能够访问 message 变量。这是因为 inner_function 维持了它在 outer_function 中被创建时的环境。

闭包的使用场景包括：

- 创建只有当前函数能访问的私有变量。
- 编写面向对象编程风格的代码，其中，闭包可以用来模拟对象和方法。
- 延迟计算或延迟执行。
- 用作装饰器的内部函数。

闭包的一个重要特性是能够保持其局部状态。因此，即使函数执行结束，闭包仍然能够访问那些捕获的变量。这种行为在许多设计和实现特定功能的模式中非常有用。

3. 闭包的应用

闭包有许多实践应用，它们可以用来实现延迟执行、数据封装、装饰器以及其他抽象。下面是一些闭包的具体应用实例。

1）数据封装和私有变量

闭包可以用来模拟私有变量，这样可以隐藏状态和实现细节。在其他编程语言中，通常会用类的私有成员变量来做到这一点。

```
def make_counter():
    count = 0

    def counter():
        nonlocal count
        count + = 1
        return count

    return counter

counter1 = make_counter()
print(counter1())   #输出:1
print(counter1())   #输出:2
```

在上面的示例中，变量 count 对外部是不可见的。只有通过 counter 闭包才能访问它。

2）延迟计算

闭包可以用来延迟函数的执行，这意味着直到需要结果之前，函数的计算都不会执行。这在处理耗时计算和懒加载资源时特别有用。

```
def lazy_multiply(x,y):
    def lazy_evaluator():
        return x* y
    return lazy_evaluator
```

```
lazy_result = lazy_multiply(6,9)


#做些其他事情...


#需要结果的时候再计算
print(lazy_result())   #输出:54
```

3）装饰器

装饰器通常用闭包来实现，它们可以在不修改原始函数行为的前提下，增加额外的功能。

```
def decorator_function(original_function):
    def wrapper_function(* args,** kwargs):
        print('wrapper executed this before {}'.format(original_function.__name__))
        return original_function(* args,** kwargs)
    return wrapper_function


@ decorator_function
def display():
    print('display function ran')


display()
```

输出：

```
wrapper executed this before display
display function ran
```

4）函数工厂

闭包可以用来创建可定制的函数实例。例如，程序员可能想要创建多个函数，每个函数都有一些固定的参数。

```
def power(exponent):
    def powered(base):
        return base** exponent
    return powered


square = power(2)
cube = power(3)


print(square(4))   #输出:16
print(cube(4))    #输出:64
```

5）维持状态

闭包允许在函数调用之间维持状态，这可以用来保存函数的中间结果，避免重复的计算。

```
def fibonacci():
    a,b = 0,1
    def next_number():
        nonlocal a,b
        a,b = b,a + b
        return a
    return next_number


fib = fibonacci()


for _ in range(10):
    print(fib(),end = " ")   #输出:1 1 2 3 5 8 13 21 34 55
```

以上只是闭包的一些应用案例,它们在实际编程中的应用非常广泛,特别是在需要封装数据、维持状态或者延迟执行的场景下。

任务实施

开发一个日志记录系统,需要使用函数装饰器来记录函数的调用日志。实施以下任务:

使用函数装饰器来记录函数的调用日志

1. 定义一个名为 logger 的函数装饰器,接受一个函数作为参数。
2. 在装饰器内定义一个嵌套函数 wrapper,用于记录日志。
3. 在 wrapper 函数内部打印函数的名称和参数。
4. 在 wrapper 函数内部调用原函数,并返回原函数的返回值。
5. 使用@ logger 装饰需要记录日志的函数。
6. 调用被装饰的函数,观察日志输出。

```
def logger(original_function):
    def wrapper(* args,** kwargs):
        print(f"调用函数 {original_function.__name__},参数:{args},{kwargs}")
        return original_function(* args,** kwargs)
    return wrapper


@ logger
def add(a,b):
    return a + b


result = add(1,2)
print("结果:",result)
```

运行结果:

```
调用函数 add,参数: (1, 2), {}
结果: 3
```

任务评价

完成任务后，应该能够理解函数装饰器和闭包的概念，并能够使用它们解决问题。同时，也应该能够灵活运用函数装饰器和闭包来修改函数的功能和保存状态信息。

任务评价表

任务名称	使用函数装饰器和闭包					
评价项目	评价标准	分值标准		自评	互评	教师评价
任务完成情况	能够理解函数装饰器和闭包的概念	5 分	共60分			
	定义一个名为 logger 的函数装饰器，接受一个函数作为参数	5 分				
	在装饰器内定义一个嵌套函数 wrapper	10 分				
	在 wrapper 函数内部，打印函数的名称和参数	10 分				
	在 wrapper 函数内部调用原函数	10 分				
	使用@ logger 装饰需要记录日志的函数	10 分				
	调用被装饰的函数	10 分				
工作态度	态度端正，工作认真	10 分				
工作完整	能按时完成全部任务	10 分				
协调能力	与小组成员之间能够合作交流、协调工作	10 分				
职业素质	能够做到安全生产，爱护公共设施	10 分				
合计		100 分				
综合评分（自评占30%、小组互评占20%、教师评价占50%）						

拓展任务

1. 定义一个函数装饰器，用于计算函数的执行时间。
2. 定义一个函数装饰器，用于缓存函数的计算结果。
3. 定义一个闭包函数，用于生成斐波那契数列。
4. 定义一个闭包函数，用于计数函数被调用的次数。
5. 定义一个闭包函数，用于实现一个简单的计数器。

拓展任务参考答案

项目 5
面向对象编程

项目介绍

　　本项目旨在帮助学习者理解面向对象编程的概念和原则，并能够使用 Python 语言实现面向对象的程序设计。通过完成这个项目，学习者可以掌握类的定义、对象的创建和使用，以及继承、多态等面向对象的特性。

学习要求

面向对象编程的基本概念
－理解类、对象、属性和方法的概念。
－掌握类的定义和对象的创建与使用。

对应的 1+X 考点

> **1. 面向对象的高级概念**
> －理解继承、多态和封装的概念。
> －掌握继承和多态的实现方式。
> **2. 面向对象的应用**
> －编写类和对象，实现具体的功能。
> －使用继承和多态解决实际问题。

任务 1　创建类和生成对象

任务目标

－理解类和对象的概念和用途。
－掌握 Python 中类和对象的语法和使用方法。
－能够使用类和对象解决问题。

任务要求

– 了解类和对象的基本概念。

– 学习类和对象的语法和使用方法。

– 能够使用类和对象解决问题。

相关知识

1. 类和对象

在面向对象编程（Object – Oriented Programming，OOP）中，类（Class）和对象（Object）是基本概念。

1）类（Class）

类是对一组具有相同属性和行为的对象的抽象。它定义了这些对象共有的数据和操作。在 Python 中，可以这样定义一个类：

```
class MyClass:
    def __init__(self,value):#构造函数
        self.my_attribute = value   #实例变量

    def my_method(self):#实例方法
        return self.my_attribute
```

在这个例子中，MyClass 拥有一个实例变量 my_attribute 和一个实例方法 my_method。

2）对象（Object）

对象是类的实例。可以将对象想象成根据类模板创建的一个具体实例。它具有类定义的所有属性和行为。在 Python 中，可以这样创建一个类的实例：

```
my_object = MyClass(10)
```

这里，my_object 是 MyClass 的一个实例，带有一个初始值为 10 的属性 my_attribute。对象通过点（.）运算符来访问它们的属性和方法：

```
print(my_object.my_attribute)   #输出:10
print(my_object.my_method())    #输出:10
```

2. 类的属性

在面向对象编程（OOP）中，类是由属性和方法组成的。

类的属性是与类相关联的变量。属性可以是数据的属性，也称为字段，它们保存了对象的状态；也可以是计算出来的属性，它们不直接存储值，而是通过代码计算得出。

1）实例变量（Instance Variables）

实例变量属于类的各个实例的唯一数据。它们通常在构造函数_ _init_ _中初始化，通过 self 变量来定义和访问。

```
class Dog:
    def __init__(self,name,breed):
        self.name=name        #实例变量
        self.breed=breed      #实例变量
```

2）类变量（Class Variables）

类变量属于类本身，是所有实例共享的数据。类变量在类定义内部但在任何方法之外定义。

```
class Dog:
    species='Canis familiaris'  #类变量

    def __init__(self,name,breed):
        self.name=name
        self.breed=breed
```

3. 类的方法

类的方法是定义在类内部的函数，用于定义对象的行为。

1）实例方法（Instance Methods）

第一个参数总是 self，它是对实例本身的引用。使用实例方法可以访问和修改实例的状态。

```
class Dog:
    def __init__(self,name,breed):
        self.name=name
        self.breed=breed

    def bark(self):            #实例方法
        return f"{self.name} says woof!"
```

创建实例后，通过点（.）操作符调用实例方法：

```
my_dog=Dog('Fido','Dachshund')
print(my_dog.bark())   #输出:Fido says woof!
```

2）类方法（Class Methods）

用@ classmethod 装饰器标识，第一个参数是 cls，它引用类本身。使用类方法可以访问和修改类状态。

```
class Dog:
    species='Canis familiaris'

    def __init__(self,name,breed):
        self.name=name
```

```
        self.breed = breed

    @ classmethod
    def get_species(cls):
        return cls.species
```

类方法可以通过类名或类的实例调用：

```
print(Dog.get_species())  #通过类名调用
my_dog = Dog('Fido','Dachshund')   #生成实例 my_dog
print(my_dog.get_species())  #通过实例调用
```

输出：

```
Canis familiaris
Canis familiaris
```

3）静态方法（Static Methods）

用@ staticmethod 装饰器标识，它们既不访问实例状态，也不访问类状态。它们是类内部的工具函数，用于执行与类有关但不需要类或实例的任务。

```
class Dog:
    @ staticmethod
    def is_animal():
        return True
```

静态方法可以通过类名或类的实例调用，但它们的行为不依赖于类或实例：

```
print(Dog.is_animal())   #通过类名调用
my_dog = Dog()
print(my_dog.is_animal())   #通过实例调用
```

输出：

```
True
True
```

4. self 关键字

在 Python 中，self 关键字是一个约定，用于指代对象自身。它是一个指向实例自身的引用，使实例的属性和方法可以在内部被调用。self 并不是一个保留字或者特殊的语法，它只是一个对当前对象实例的引用的变量名。在定义类的方法时，self 总是作为第一个参数，虽然在调用方法时不需要显式传入。

下面是一个简单的类，展示了 self 的使用。

```
class MyClass:
```

```
    def __init__(self,value):#特殊方法__init__用于初始化对象
        self.my_attribute = value  #使用 self 定义实例变量

    def my_method(self):#实例方法
        return self.my_attribute  #通过 self 访问实例变量
```

在上面的例子中，有几个地方使用了 self：

- 在__init__方法中，self 用来设置实例变量 my_attribute。
- 在实例方法 my_method 中，self 用来访问实例变量 my_attribute。

为什么需要 self?

当创建一个类的新实例时，Python 会自动识别出哪一个对象是被操作的对象，self 就是对这个新创建对象的引用。

```
obj1 = MyClass(10)
obj2 = MyClass(20)

print(obj1.my_method())   #输出 10
print(obj2.my_method())   #输出 20
```

在这里，虽然 my_method 方法在定义时需要一个参数（self），但是在调用时却不需要传入该参数。Python 会自动将 obj1 和 obj2 作为 self 参数传递给 my_method。

使用 self 的规则：

- 方法的第一个参数就是 self，表示对象本身。
- 在类的方法中，使用 self 访问对象的属性或者其他方法。
- 在调用时，不必为 self 传递任何参数，Python 解释器会自动处理。

虽然使用 self 是一个约定，但技术上可以使用任何其他名称。然而，强烈建议遵循这个约定，因为它是 Python 社区中的标准做法，任何其他的名称都可能会导致代码的可读性降低。

5. 封装

封装是面向对象编程（OOP）的三大基本特征之一，其他两个是继承和多态，将在任务 2 中介绍。封装有两个主要方面：

- 将数据（属性）和操作这些数据的代码（方法）打包进类。这种做法将数据和方法捆绑在一起，形成一个"对象"。这有助于组织代码，并且可以定义与实现细节分离的接口。
- 限制对对象内部数据的直接访问。这样可以防止外部代码随意改变对象内部的状态，从而提供了一种控制数据访问的方式。这不仅有助于数据的安全性，也有助于避免由于直接访问数据而导致的错误。

在 Python 中，封装通常是通过使用公共（public）、私有（private）和受保护（protected）属性和方法来实现的。由于 Python 没有严格的访问控制，所以遵循一些命名约定来实现这一点：

- 公共成员：可以从类的外部访问。在 Python 中，默认情况下，所有类成员都是公共的。

- 私有成员：以两个下划线开头，例如_ _private_var。这样的成员只能在类的内部访问。

- 受保护成员：以单个下划线开头，例如_protected_var。这是一个约定，用于指示这些成员不应该在类的外部使用，但是它并不强制如此。

下面是一个使用封装的 Python 示例。

```python
class BankAccount:
    def __init__(self,account_number,balance=0):
        self.__account_number=account_number    #私有属性
        self.__balance=balance

    def deposit(self,amount):#公共方法
        if amount>0:
            self.__balance+=amount
            self.__show_balance()

    def withdraw(self,amount):#公共方法
        if 0<amount<=self.__balance:
            self.__balance-=amount
            self.__show_balance()
        else:
            print("Insufficient funds")

    def __show_balance(self):#私有方法
        print(f"Balance:{self.__balance}")

#使用类
account=BankAccount("123",100)
account.deposit(50)   #允许
account.withdraw(20)   #允许
#print(account.__balance)   #错误,尝试访问私有变量
```

输出：

```
Balance: 150
Balance: 130
```

在这个例子中，_ _account_number 和_ _balance 是私有属性，只能通过类内部的方法（如 deposit、withdraw 和_ _show_balance）来修改。外部代码尝试直接访问这些属性会导致错误。

通过这种方式，BankAccount 类的内部表示（即它的私有属性）被隐藏起来，这样类的使用者就不必关心对象的内部是如何工作的，只需要通过类提供的公共接口（方法）与类的对象交互。

这种封装的实践不仅有助于保护对象的状态不被意外改变，也使类的设计者可以自由地改变对象的内部实现而不影响那些使用对象的代码。

任务实施

开发一个图书馆管理系统，需要使用类和对象来管理图书馆的书籍。实施以下任务：

使用类和对象来
管理图书馆的书籍

1. 定义一个名为 Book 的类，表示图书馆中的书籍。
2. 在 Book 类中定义以下属性：title（书名）、author（作者）、year（出版年份）。
3. 在 Book 类中定义一个方法 display_info，用于打印书籍的信息。
4. 创建两个 Book 类的对象，并设置不同的属性值。
5. 调用对象的 display_info 方法，打印书籍的信息。

```python
class Book:
    def __init__(self,title,author,year):        #定义类注意缩进
        self.title = title
        self.author = author
        self.year = year

    def display_info(self):
        print(f"书名:{self.title} \n 作者:{self.author} \n 出版年份:{self.year}")

book1 = Book("Python 入门","张三",2020)
book2 = Book("Java 编程","李四",2019)

book1.display_info()
print()
book2.display_info()
```

运行结果：

```
书名：Python入门
作者：张三
出版年份：2020

书名：Java编程
作者：李四
出版年份：2019
```

任务评价

完成任务后，应该能够理解类和对象的概念，并能够使用它们来组织和管理相关的数据和行为。同时，也应该能够创建类的对象，并调用对象的方法。

任务评价表

任务名称		创建类和生成对象				
评价项目	评价标准	分值标准		自评	互评	教师评价
任务完成情况	能够理解类和对象的概念	共60分	15 分			
	能够使用类和对象来组织和管理相关的数据和行为		15 分			
	能够创建类的对象		15 分			
	能够调用对象的方法		15 分			
工作态度	态度端正，工作认真	10 分				
工作完整	能按时完成全部任务	10 分				
协调能力	与小组成员之间能够合作交流、协调工作	10 分				
职业素质	能够做到安全生产，爱护公共设施	10 分				
合计		100 分				
综合评分（自评占 30%、小组互评占 20%、教师评价占 50%）						

拓展任务

1. 定义一个名为 Rectangle 的类，表示矩形。包含属性 width（宽度）和 height（高度），以及方法 get_area（计算面积）和 get_perimeter（计算周长）。**拓展任务参考答案**

2. 定义一个名为 Student 的类，表示学生。包含属性 name（姓名）和 score（分数），以及方法 display_info（显示学生信息）。

3. 定义一个名为 Car 的类，表示汽车。包含属性 make（制造商）和 model（型号），以及方法 start（启动）和 stop（停止）。

4. 定义一个名为 BankAccount 的类，表示银行账户。包含属性 account_number（账号）和 balance（余额），以及方法 deposit（存款）和 withdraw（取款）。

5. 定义一个名为 Dog 的类，表示狗。包含属性 name（名字）和 age（年龄），以及方法 bark（叫）和 play（玩）。

任务 2　运用继承和多态

任务目标

– 理解 Python 中的继承和多态的概念。
– 掌握如何使用继承创建类层次结构。

–熟悉多态的概念和用法。

–能够设计和实现具有继承和多态特性的任务。

任务要求

–学习并理解继承的概念，以及如何在 Python 中创建继承关系。

–研究多态的概念和用法，了解如何在 Python 中实现多态。

–实施一个具体的案例来展示继承和多态的用法。

–对案例进行评价，检查继承和多态特性的正确性和合理性。

–完成相关的习题，以加深对继承和多态的理解。

相关知识

1. 继承

继承是面向对象编程（OOP）的三大基本特征之一。在 Python 中，继承允许定义一个类（子类）来继承另一个类（父类）的属性和方法。这样做不仅节省了编写代码的时间，而且还让代码更加易于管理和扩展。

1）Python 中继承的基本语法

```
class BaseClass:
    #父类的代码


class DerivedClass(BaseClass):
    #子类扩展或覆盖父类的代码
```

在这个例子中，DerivedClass 继承了 BaseClass 的属性和方法。

2）继承的使用

以下是如何在 Python 中使用继承的一个例子。

```
#定义父类
class Animal:
    def __init__(self,name):
        self.name = name

    def speak(self):
        raise NotImplementedError("子类必须实现这个方法")

#定义继承自 Animal 的子类
class Dog(Animal):
    def speak(self):
        return f"{self.name} says Woof!"


class Cat(Animal):
```

```
    def speak(self):
        return f"{self.name} says Meow!"

#创建子类的实例
dog = Dog("Buddy")
cat = Cat("Kitty")

#调用子类的方法
print(dog.speak())    #输出:Buddy says Woof!
print(cat.speak())    #输出:Kitty says Meow!
```

在这个例子中，Dog 和 Cat 类继承了 Animal 类。每个子类都提供了自己的 speak 方法的实现，这展示了多态性的概念。

3）继承中的函数调用

super() 函数可以用来调用父类的方法，在需要扩展而不是完全替代父类方法的情况下非常有用。

```
class Base:
    def __init__(self):
        print("Base initializer")

    def hello(self):
        print("Hello from Base")

class Child(Base):
    def __init__(self):
        super().__init__()    #调用父类的 __init__
        print("Child initializer")

    def hello(self):
        super().hello()    #调用父类的 hello 方法
        print("Hello from Child")

child = Child()
child.hello()

输出:
Base initializer
Child initializer
Hello from Base
Hello from Child
```

4）方法重写

子类可以重写父类的方法，以提供特定的实现。在上面的例子中，Dog 和 Cat 类就重写了 Animal 类的 speak 方法。如果子类没有重写方法，那么会直接继承父类的实现。

继承是面向对象编程中重用代码和建立类之间关系的强大工具。通过合理使用继承，可以大大提升代码的可维护性和可扩展性。

2. 多态

多态是面向对象编程（OOP）的三大基本特征之一。多态指的是不同类的对象对同一消息可以给出不同的响应。也就是说，不同的对象可以通过同一个接口（方法）执行不同的操作。

在 Python 中，多态是隐式的，因为 Python 是动态类型语言，这意味着不需要通过继承或者方法重写来实现多态性。函数或方法可以接受任何类型的对象，只要这个对象提供了所需的方法或行为。

下面通过一个示例来说明 Python 中的多态。

```python
class Dog:
    def speak(self):
        return "Woof!"

class Cat:
    def speak(self):
        return "Meow!"

def animal_sound(animal):
    print(animal.speak())

#创建 Dog 和 Cat 类的实例
dog = Dog()
cat = Cat()

#调用 animal_sound,传入不同的对象
animal_sound(dog)    #输出:Woof!
animal_sound(cat)    #输出:Meow!
```

在这个例子中，animal_sound 函数接受一个 animal 对象，然后调用其 speak 方法。这个函数不在乎传入对象的具体类型，只要这个对象有一个 speak 方法就行。这样，animal_sound 可以对 Dog 和 Cat 类的实例进行操作，显示它们各自的叫声。

这种行为的一个关键特点是，函数可以在运行时动态地处理任何类型的对象，只要它符合预期的接口（这里是指有一个 speak 方法），这就是所谓的鸭子类型（"如果它走路像鸭子，叫声像鸭子，那么它就是鸭子"）。

任务实施

实现一个简单的动物园程序，其中有几种动物，如狗、猫和鸟。每种动物都有共同的特征和行为，但有些特征和行为是不同的。

使用继承和多态
来创建不同
类型的动物对象

```
class Animal:
    def __init__(self,name):
        self. name = name


    def make_sound(self):
        pass

class Dog(Animal):
    def make_sound(self):
        return "Woof!"

class Cat(Animal):
    def make_sound(self):
        return "Meow!"

class Bird(Animal):
    def make_sound(self):
        return "Chirp!"

#使用多态创建动物对象
animals = [Dog("Buddy"),Cat("Kitty"),Bird("Tweety")]

#调用相同的方法实现不同的操作
for animal in animals:
    print(animal. name + ":" + animal. make_sound())
```

任务评价

这个案例展示了使用继承和多态来创建不同类型的动物对象，并调用相同的方法 make_sound() 来实现不同的行为。通过继承自 Animal 类，每个子类都实现了自己特定的 make_sound() 方法。在循环中，可以直接调用动物对象的 make_sound() 方法，而不需要关心具体是哪种动物，实现了代码的灵活性和可扩展性。

任务评价表

任务名称	运用继承和多态					
评价项目	评价标准		分值标准	自评	互评	教师评价
任务完成情况	理解继承和多态的含义	共60分	15分			
	使用继承和多态来创建不同类型的动物对象		15分			

续表

任务名称	运用继承和多态					
评价项目	评价标准	分值标准		自评	互评	教师评价
任务完成情况	调用相同的方法 make_sound（）来实现不同的行为	共60分	15分			
	通过继承自 Animal 类，每个子类都实现了自己特定的 make_sound（）方法		15分			
工作态度	态度端正，工作认真	10分				
工作完整	能按时完成全部任务	10分				
协调能力	与小组成员之间能够合作交流、协调工作	10分				
职业素质	能够做到安全生产，爱护公共设施	10分				
合计		100分				
综合评分（自评占30%、小组互评占20%、教师评价占50%）						

拓展任务

1. 什么是继承？在 Python 中如何创建继承关系？
2. 什么是多态？如何在 Python 中实现多态？
3. 在上述动物园案例中，为什么需要使用继承和多态？
4. 如果需要添加一种新的动物，如狐狸，应该如何修改代码？
5. 在动物园案例中，为什么需要在父类中定义一个空的 make_sound（）方法？

拓展任务参考答案

任务3　使用类的特殊方法和属性

任务目标

– 理解 Python 中特殊方法和属性的概念。
– 掌握如何使用特殊方法和属性来定制类的行为。
– 熟悉常用的特殊方法和属性的用法。

任务要求

– 学习并理解特殊方法和属性的概念。
– 研究常用的特殊方法和属性的用法。
– 实施一个具体的案例来展示特殊方法和属性的用法。

－对案例进行评价，检查特殊方法和属性的正确性和合理性。

－完成相关的习题，以加深对特殊方法和属性的理解。

相关知识

1. 特殊方法

在 Python 中，特殊方法（有时称为魔术方法）是一类以双下划线（＿＿）开头和结尾的方法，它们有特殊的意义。这些方法被 Python 解释器特殊对待，通常是响应内置函数的调用或者进行运算符重载时使用。开发者可以在自定义类中重写这些方法，以改变实例的默认行为。

下面是一些常见的 Python 特殊方法。

＿ ＿init＿ ＿(self,[…])：类的构造器，当一个实例被创建时调用。

＿ ＿del＿ ＿(self)：类的析构器，当一个实例被销毁时调用。

＿ ＿repr＿ ＿(self)：定义对象的"官方"字符串表示，适用于调试和日志记录。

＿ ＿str＿ ＿(self)：定义对象的"非官方"字符串表示，适用于用户输出。

＿ ＿call＿ ＿(self,[…])：允许一个实例像函数那样被调用。

＿ ＿len＿ ＿(self)：实现内置函数 len()，返回容器的长度。

＿ ＿getitem＿ ＿(self,key)：实现索引操作，如 obj[key]。

＿ ＿setitem＿ ＿(self,key,value)：实现索引赋值操作，如 obj[key]＝value。

＿ ＿delitem＿ ＿(self,key)：实现索引删除操作，如 del obj[key]。

＿ ＿iter＿ ＿(self)：返回迭代器对象，用于迭代操作。

＿ ＿next＿ ＿(self)：实现迭代器协议的下一个元素。

＿ ＿contains＿ ＿(self,item)：实现成员测试协议。

＿ ＿eq＿ ＿(self,other)：定义相等性测试行为，＝＝运算符。

＿ ＿ne＿ ＿(self,other)：定义不等性测试行为,！＝运算符。

＿ ＿gt＿ ＿(self,other)：定义大于测试，＞运算符。

＿ ＿lt＿ ＿(self,other)：定义小于测试，＜运算符。

＿ ＿ge＿ ＿(self,other)：定义大于等于测试，＞＝运算符。

＿ ＿le＿ ＿(self,other)：定义小于等于测试，＜＝运算符。

＿ ＿add＿ ＿(self,other)：定义加法行为，＋运算符。

＿ ＿sub＿ ＿(self,other)：定义减法行为，－运算符。

＿ ＿mul＿ ＿(self,other)：定义乘法行为，＊运算符。

＿ ＿div＿ ＿(self,other)：定义乘法行为，／运算符。

下面是一个示例，演示如何在自定义类中实现一些特殊方法。

```
class Book:
    def __init__(self,title,author,pages):
        self.title=title
        self.author=author
```

```
        self.pages = pages

    def __str__(self):
        return f"{self.title} by {self.author}"

    def __repr__(self):
        return f"Book({self.title},{self.author},{self.pages})"

    def __len__(self):
        return self.pages

    def __del__(self):
        print(f"{self.title} by {self.author} is being deleted.")

#使用自定义类
book = Book("Python Programming","Author Name",250)

print(book)  #调用 __str__ 方法
print(repr(book))  #调用 __repr__ 方法
print(len(book))  #调用 __len__ 方法


#删除 book 实例,将调用 __del__ 方法
del book
```

通过实现这些特殊方法，可以定义自定义对象在 Python 语言的各种结构和操作中的行为，使自定义对象可以像内置类型那样自然地融入 Python 代码中。

2. 特殊属性

Python 中的特殊属性是那些以双下划线开始和结束的属性，它们通常由 Python 解释器自动创建，用于存储对象的元数据。

以下是一些常见的特殊属性。

__dict__：一个字典，包含对象的属性（包括模块、类或实例）及其值。

__name__：一个字符串，表示模块的名字。如果该对象是一个类，它表示类的名字。

__doc__：一个字符串，包含对象的文档字符串，如果没有文档字符串，则为 None。

__class__：存储对象的类型（即对象的类）。

__bases__：仅在类对象中存在，是一个包含该类所有父类的元组。

__mro__：表示类的方法解析顺序的元组，它是用于支持继承的属性查找的。

__module__：表示定义对象的模块名。

__slots__：可以在类中定义，用于限制类实例可以添加的属性，并且可以优化内存使用。

这些特殊属性可以用来获取关于对象的各种信息。例如，可以通过 __dict__ 属性来访问对象的属性字典，或者通过 __class__ 来查看对象属于哪个类。

下面是一个示例，展示了如何访问一些特殊属性：

```python
class MyClass:
    """这是类的文档字符串"""

    def __init__(self,value):
        self.value = value

obj = MyClass(10)

#访问特殊属性
print(obj.__class__)    #输出:<class '__main__.MyClass'>
print(obj.__dict__)     #输出:{'value':10}
print(obj.__doc__)      #输出:"这是类的文档字符串"
```

注意：不建议直接操作或依赖某些特殊属性，因为这些属性是为 Python 内部机制所保留，不当的使用可能会导致不可预测的行为。特别是直接修改_ _dict_ _或者_ _class_ _属性需要谨慎，通常应该使用内置函数或方法进行操作。

任务实施

实现一个简单的计时器类，可以记录从创建对象到现在的时间。可以使用特殊方法_ _init_ _来初始化计时器、_ _str_ _来返回计时器的字符串表示、_ _add_ _来实现计时器的加法运算。

实现一个简单的计时器类，记录从创建对象到现在的时间

```python
import time

class Timer:
    def __init__(self):
        self.start_time = time.time()

    def __str__(self):
        elapsed_time = time.time() - self.start_time
        return "Elapsed time:{:.2f} seconds".format(elapsed_time)

    def __add__(self,other):
        total_time = self.start_time + other.start_time
        return total_time

#创建计时器对象
timer1 = Timer()

#等待一段时间
time.sleep(2)
```

```
#打印计时器对象
print(timer1)

#创建另一个计时器对象
timer2 = Timer()

#计时器对象相加
timer3 = timer1 + timer2

#打印计时器对象
print(timer3)
```

运行结果：

```
Elapsed time: 2.01 seconds
3411174126.7500267
```

任务评价

这个案例展示了如何使用特殊方法_ _init_ _、_ _str_ _和_ _add_ _来定制计时器类的行为。_ _init_ _方法用于初始化计时器，_ _str_ _方法用于返回计时器的字符串表示，_ _add_ _方法用于实现计时器的加法运算。通过使用特殊方法，可以自定义类的行为，使其更符合的需求。

任务评价表

任务名称	使用类的特殊方法和属性					
评价项目	评价标准	分值标准		自评	互评	教师评价
任务完成情况	正确使用特殊方法_ _init_ _、_ _str_ _和_ _add_ _来定制计时器类的行为	共60分	12分			
	_ _init_ _方法正确初始化计时器		12分			
	_ _str_ _方法正确返回计时器的字符串表示		12分			
	_ _add_ _方法正确实现计时器的加法运算		12分			
	正确输出运行结果		12分			
工作态度	态度端正，工作认真	10分				
工作完整	能按时完成全部任务	10分				
协调能力	与小组成员之间能够合作交流、协调工作	10分				

续表

任务名称	使用类的特殊方法和属性				
评价项目	评价标准	分值标准	自评	互评	教师评价
职业素质	能够做到安全生产，爱护公共设施	10 分			
合计		100 分			
综合评分 （自评占 30%、小组互评占 20%、教师评价占 50%）					

拓展任务

拓展任务参考答案

1. 什么是特殊方法？特殊方法的作用是什么？

2. 特殊方法的命名规则是什么？如何调用特殊方法？

3. 在上述案例中，_ _init_ _、_ _str_ _和_ _add_ _是什么特殊方法？分别有什么作用？

4. 除了特殊方法，还有哪些常用的特殊属性？请列举并说明其用途。

5. 在上述案例中，如果想让计时器对象支持比较运算，应该使用哪个特殊方法？如何实现比较运算？

第三部分　Python 在不同领域的应用

项目 6
数据处理与科学计算

项目介绍

本项目旨在帮助学习者掌握使用 Python 进行数据处理和科学计算的基本技巧和工具。通过完成这个项目，学习者可以学会使用 Python 中的数据处理库（如 NumPy、Pandas）和科学计算库（如 SciPy、Matplotlib）进行数据分析、可视化和建模等任务。

学习要求

数据处理与科学计算库

– 了解常用的数据处理库（如 NumPy 和 Pandas）和科学计算库（如 SciPy 和 Matplotlib）。

– 熟悉这些库的基本功能和用法。

对应的 1 + X 考点

1. 数据处理与分析

– 使用 NumPy 进行数组操作，如创建数组、索引、切片和运算等。

– 使用 Pandas 进行数据处理，如读取数据、数据清洗、筛选和聚合等。

2. 科学计算与建模

– 使用 SciPy 进行科学计算，如数值积分、线性代数和优化等。

– 使用 Matplotlib 进行数据可视化，如绘制折线图、散点图和柱状图等。

任务 1　NumPy 库的应用

任务目标

– 理解 NumPy 库在数据处理和科学计算中的重要性。

－学会使用 NumPy 库进行数组操作和数学运算。

－掌握 NumPy 库中常用的函数和方法。

任务要求

－学习并理解 NumPy 库的基本概念和用法。

－研究 NumPy 库中常用的函数和方法。

－实施一个具体的案例来展示 NumPy 库的应用。

－对案例进行评价，检查 NumPy 库的正确性和实用性。

－完成相关的习题，以加深对 NumPy 库的理解。

相关知识

1. NumPy 库

NumPy（Numerical Python 的缩写）是 Python 中广泛使用的一个开源库，它主要用于进行高性能的科学计算。由于其在数值计算方面的强大功能，它在数据分析、机器学习、生物计算、工程和科学研究等领域非常重要。在 Python 中进行科学计算或数据分析总是以 NumPy 作为基础。

NumPy 的特征：

（1）核心数据结构：其核心数据结构是 ndarray（n 维数组），它是一个同质多维数组，意味着所有元素必须是同一类型。

（2）性能：NumPy 底层以 C 和 Fortran 语言实现，因此在数值计算方面非常高效。它是其他许多高级数据分析工具的基础。

（3）广播机制：NumPy 的一个强大功能是广播（Broadcasting），它允许不同大小的数组在某些条件下进行数学运算。

（4）科学计算：NumPy 提供了大量的数学函数库，这些函数可以直接作用于数组级别，非常适合在科学计算中使用。

2. NumPy 数组的创建和操作

创建和操作 NumPy 数组是使用 NumPy 库的基础。首先，需要确保安装了 NumPy 库。如果尚未安装，可以使用 pip 命令进行安装：

```
pip install numpy
```

一旦安装好了 NumPy，就可以开始创建和操作数组了。

以下是一些基本的操作。

1）导入 NumPy 库

在 Python 代码中，通常会先导入 NumPy：

```
import numpy as np
```

2) 创建 NumPy 数组

从 Python 列表创建:

```
#通过 Python 列表创建一维数组
arr_1d = np.array([1,2,3,4])

#通过 Python 列表创建二维数组
arr_2d = np.array([[1,2,3],[4,5,6]])
```

使用内置函数创建:

```
#创建一个长度为 4 的全零一维数组
zeros_array = np.zeros(4)

#创建一个形状为(3,2)的全一二维数组
ones_array = np.ones((3,2))

#创建一个形状为(2,2)的单位矩阵
identity_matrix = np.eye(2)

#创建一个由数字 0~9 组成的一维数组
range_array = np.arange(10)

#创建一个线性间隔数组,从 0 开始到 10 结束,共 5 个元素
linspace_array = np.linspace(0,10,5)

#创建一个形状为(2,3)的随机数组
random_array = np.random.random((2,3))
```

3) 数组操作

• 形状和大小

NumPy 数组的形状可以用 .shape 属性查看, 也可以使用 reshape 方法来改变数组形状。

```
#查看数组形状
shape = arr_2d.shape

#改变数组形状
reshaped_array = arr_2d.reshape((6,))
```

• 索引和切片

可以使用索引和切片来访问和修改数组中的元素。

```
#获取数组的第二个元素
element = arr_1d[1]

#获取二维数组第一行的所有元素
```

```
row = arr_2d[0,:]

#获取二维数组第二列的所有元素
column = arr_2d[:,1]

#获取二维数组中的一个子矩阵
sub_matrix = arr_2d[0:2,0:2]
```

- 数学运算

NumPy 支持元素级的数学运算，包括加、减、乘、除等。

```
#元素级加法
sum_array = arr_1d + 10

#元素级乘法
product_array = arr_1d* 2

#元素级的两个数组相加
sum_two_arrays = arr_1d + np.array([4,3,2,1])
```

- 聚合函数

NumPy 提供了许多聚合函数来处理数组，如 sum、mean、std、min、max 等。

```
#数组的总和
array_sum = arr_1d.sum()

#数组的平均值
array_mean = arr_1d.mean()

#数组的标准差
array_std = arr_1d.std()

#数组的最小值
array_min = arr_1d.min()

#数组的最大值
array_max = arr_1d.max()
```

- 线性代数运算

NumPy 还提供了线性代数运算，如点积、矩阵乘法、特征值计算等。

```
#点积
dot_product = np.dot(arr_1d,arr_1d)
#矩阵乘法
matrix_product = np.dot(arr_2d,arr_2d.T)   #.T 是转置
```

```
#求解线性方程组
a = np. array([[3,1],[1,2]])
b = np. array([9,8])
x = np. linalg. solve(a,b)
```

这些是 NumPy 基本操作的一些例子，NumPy 库的功能非常丰富，可以支持更高级的数组操作和数学运算。

3. NumPy 库中的数学运算和函数

1）基本数学运算

NumPy 支持数组的基本算术运算，这些运算是元素级的，即它们只作用于位置相对应的元素之间。

```
import numpy as np

a = np. array([1,2,3,4])
b = np. array([5,6,7,8])

#加法
addition = a + b　 #np. add(a,b)也是一样的

#减法
subtraction = a - b　#np. subtract(a,b)也是一样的

#乘法
multiplication = a* b　 #np. multiply(a,b)也是一样的

#除法
division = a/b　 #np. divide(a,b)也是一样的

#幂运算
exponentiation = a** 2　 #np. power(a,2)也是一样的

#取模运算
modulus = a % b　 #np. mod(a,b)也是一样的
```

2）高级数学函数

NumPy 还提供了一系列的高级数学函数，这些函数可以直接对数组进行操作。

```
#三角函数
sin_values = np. sinh(a)　 #正弦
cos_values = np. cosh(a)　 #余弦
tan_values = np. tan(a)　 #正切
```

```
#反三角函数
arcsin_values = np.arcsin(a)    #反正弦
arccos_values = np.arccos(a)    #反余弦
arctan_values = np.arctan(a)    #反正切


#双曲三角函数
sinh_values = np.sinh(a)    #双曲正弦
cosh_values = np.cosh(a)    #双曲余弦
tanh_values = np.tanh(a)    #双曲正切

#对数函数
natural_log = np.log(a)    #自然对数
base10_log = np.log10(a)    #以 10 为底的对数
base2_log = np.log2(a)    #以 2 为底的对数

#指数函数
exponential = np.exp(a)    #e 的幂次方

#平方根
sqrt = np.sqrt(a)

#绝对值
absolute = np.abs(a)    #或者 np.absolute(a)

#四舍五入
rounded = np.round(a)    #最接近的整数
```

3）统计函数

NumPy 提供了许多统计函数来帮助总结数据集的特征。

```
#最小值
min_value = np.min(a)


#最大值
max_value = np.max(a)


#求和
sum_values = np.sum(a)


#累积和
cumulative_sum = np.cumsum(a)


#均值
```

```
mean_value = np.mean(a)

#中位数
median_value = np.median(a)

#标准差
standard_deviation = np.std(a)

#方差
variance = np.var(a)
```

4）线性代数函数

NumPy 的线性代数子库 linalg 提供了许多线性代数相关的功能。

```
#点积
dot_product = np.dot(a,b)

#矩阵乘法
matrix_product = np.matmul(a.reshape(2,2),b.reshape(2,2))

#矩阵的迹
matrix_trace = np.trace(a.reshape(2,2))

#行列式
matrix_determinant = np.linalg.det(a.reshape(2,2))

#逆矩阵
inverse_matrix = np.linalg.inv(a.reshape(2,2))

#特征值和特征向量
eigenvalues,eigenvectors = np.linalg.eig(a.reshape(2,2))

#奇异值分解
U,S,V = np.linalg.svd(a.reshape(2,2))

#解线性方程组 Ax = b
x = np.linalg.solve(a.reshape(2,2),b[:2])
```

5）逻辑运算函数

NumPy 的逻辑运算函数允许对数组中的数据进行逻辑操作。这些操作通常用于比较和掩码数组，以及布尔索引。

- 基本逻辑运算

```
import numpy as np
```

```
a = np. array([1,2,3,4])
b = np. array([4,2,2,4])

#元素级别的比较,产生布尔数组
equal = np. equal(a,b)    #相等
not_equal = np. not_equal(a,b)    #不相等
greater = np. greater(a,b)    #大于
greater_equal = np. greater_equal(a,b)    #大于等于
less = np. less(a,b)    #小于
less_equal = np. less_equal(a,b)    #小于等于
```

- 逻辑运算符

也可以使用逻辑运算符，例如：&（和）、|（或）、~（非）、^（异或），这些运算符用于组合多个条件。

```
#逻辑与
logical_and = np. logical_and(a > 1,a < 4)    #a 中大于 1 且小于 4 的元素

#逻辑或
logical_or = np. logical_or(a < 2,a > 3)    #a 中小于 2 或大于 3 的元素

#逻辑非
logical_not = np. logical_not(a > 2)    #a 中不大于 2 的元素

#逻辑异或
logical_xor = np. logical_xor(a < 2,a > 3)    #a 中小于 2 或大于 3 但不同时满足的元素
```

- 布尔索引

布尔数组可以用作索引，用于选择符合特定条件的数组元素。

```
#创建一个布尔数组
bool_index = a > 2

#使用布尔数组作为索引
result = a[bool_index]    #返回数组 a 中所有大于 2 的元素
```

- all 和 any 函数

如果需要检查数组中的所有元素是否满足某个条件，或者至少有一个元素满足条件，可以使用 all 或 any 函数。

```
#检查所有元素是否满足条件
all_greater_than_zero = np. all(a > 0)    #如果 a 中所有元素都大于 0,则返回 True

#检查是否至少有一个元素满足条件
any_greater_than_three = np. any(a > 3)    #如果 a 中至少有一个元素大于 3,则返回 True
```

- where 函数

np.where 函数是一个非常有用的条件选择函数，它返回输入数组中满足给定条件的元素的索引。

```
#使用 where 找到所有大于 2 的元素的索引
indices = np.where(a > 2)

#可以用来直接选取满足条件的元素
selected_elements = a[np.where(a > 2)]
```

这些逻辑运算函数和操作是数据处理中的重要工具，特别是当需要基于条件进行数据筛选或提取子集时。

分析一组学生的成绩数据，计算平均成绩和标准差，并找出最高和最低成绩

任务实施

分析一组学生的成绩数据，计算平均成绩和标准差，并找出最高和最低成绩。

```
import numpy as np

#学生成绩数据
scores = np.array([78,85,92,88,95,80,87,90,84,91])

#计算平均成绩
mean_score = np.mean(scores)

#计算标准差
std_score = np.std(scores)

#找出最高和最低成绩
max_score = np.max(scores)
min_score = np.min(scores)

#打印结果
print("平均成绩:",mean_score)
print("标准差:",std_score)
print("最高成绩:",max_score)
print("最低成绩:",min_score)
```

运行结果：

```
平均成绩: 87.0
标准差: 5.0793700039680118
最高成绩: 95
最低成绩: 78
```

任务评价

这个案例展示了如何使用 NumPy 库对学生成绩数据进行处理和分析。通过使用 NumPy 库中的函数，可以方便地进行数组操作、数学运算和统计分析，大大提高了数据处理的效率和准确性。

任务评价表

任务名称	NumPy 库的应用					
评价项目	评价标准	分值标准		自评	互评	教师评价
任务完成情况	使用 NumPy 库计算出学生平均成绩和标准差	共60分	20分			
	使用 NumPy 库找出学生最高成绩和最低成绩		20分			
	正确进行数组操作		20分			
工作态度	态度端正，工作认真	10分				
工作完整	能按时完成全部任务	10分				
协调能力	与小组成员之间能够合作交流、协调工作	10分				
职业素质	能够做到安全生产，爱护公共设施	10分				
合计		100分				
综合评分（自评占30%、小组互评占20%、教师评价占50%）						

拓展任务

1. NumPy 库在数据处理和科学计算中的作用是什么？
2. NumPy 库中的数组和 Python 内置列表有什么区别？
3. 如何使用 NumPy 库创建一个一维数组？
4. 如何使用 NumPy 库计算数组的平均值和标准差？
5. 在上述案例中，如何找到成绩大于等于 90 分的学生？请使用 NumPy 库实现。

拓展任务参考答案

任务 2 Pandas 库的应用

任务目标

– 理解 Pandas 库在数据处理和科学计算中的重要性。
– 学会使用 Pandas 库进行数据读取、清洗、转换和分析。
– 掌握 Pandas 库中常用的数据结构和操作。

任务要求

–学习并理解 Pandas 库的基本概念和用法。

–研究 Pandas 库中常用的数据结构和操作。

–实施一个具体的案例来展示 Pandas 库的应用。

–对案例进行评价, 检查 Pandas 库的正确性和实用性。

–完成相关的习题, 以加深对 Pandas 库的理解。

相关知识

1. Pandas 库

Pandas 是一个开源的、BSD 许可的库, 为 Python 编程语言提供高性能、易用的数据结构和数据分析工具。Pandas 的名字来自"Panel Data"和"Python Data Analysis"的结合。自从 2010 年由 Wes McKinney 首次发布以来, Pandas 已经成为 Python 数据分析的重要工具, 特别是在金融、经济学、统计学、社会科学和工程领域。

Pandas 的特征:

(1) 核心数据结构: 其核心数据结构是 Series (一维标签数组) 和 DataFrame (二维标签数据表格), 这些数据结构支持异质类型的数据和缺失数据。

(2) 数据操作: Pandas 提供了大量易用的数据操作工具, 这些工具可以进行数据清洗、数据过滤、转换和聚合等操作。

(3) 时间序列: Pandas 在处理时间序列数据方面有非常强大的能力, 例如可以轻易地改变时间频率、进行时间段切片等。

(4) 数据对齐: Pandas 强调标签对齐, 例如在执行数据合并操作时, 它会自动对齐不同的 DataFrame 上的行和列标签。

(5) 输入/输出: Pandas 支持多种格式的数据读取与写入, 如 CSV、Excel、JSON、HT-ML、SQL 数据库和 HDF5 格式。

使用 Pandas, 用户可以执行多种数据操作, 包括但不限于:

- 数据清洗: 处理缺失数据、删除和插入列、过滤行等。
- 数据转换: 改变形状、排序、合并、连接、聚合和深度数据集成。
- 文件读写: 读取和写入不同格式的文件 (CSV、Excel、JSON、HTML、SQL 等)。
- 数据分析: 提供了描述性统计的功能, 可以快速地总结数据集的特征。
- 时间序列分析: 处理日期和时间格式的数据, 进行时间序列的转换、频率操作等。

2. Pandas 库中的数据结构

Pandas 的核心是两种主要的数据结构: Series 和 DataFrame。

1) Series

- 一维标签化数组, 可以存储任何数据类型 (整数、字符串、浮点数、Python 对象等)。
- 每个元素都有一个标签 (或索引)。

2）DataFrame
- 二维标签化数据结构，可以想象为一个表格或者一个字典类型的 Series 容器。
- 每列可以是不同的数据类型（数值、字符串、布尔值等）。
- 既有行索引，也有列索引，很像一个 SQL 表或者一个 Excel 文件。

3. Pandas 库中的数据操作

Pandas 库是 Python 中一个非常强大的用于数据分析和操作的工具。在 Pandas 中，数据操作可以非常灵活和直观。以下是一些常见的数据操作任务以及使用 Pandas 来执行这些任务的方法。

1）数据选择和索引

选择列：

```
df['column_name']  #返回指定列
```

通过 label 选择行和列：

```
df.loc[row_label,column_label]
```

通过 position 选择行和列：

```
df.iloc[row_position,column_position]
```

布尔索引：

```
df[df['column_name']>value]  #返回满足条件的行
```

2）数据清洗

处理缺失值：

```
df.dropna()  #删除含有缺失值的行
df.fillna(value)  #用某个值填充缺失值
```

重命名列：

```
df.rename(columns={'old_name':'new_name'})
```

删除列：

```
df.drop('column_name',axis=1)
```

3）数据转换

应用函数：

```
df['column_name'].apply(function)  #对列应用函数
```

映射：

```
df['column_name'].map(dict)  #根据字典映射列的值
```

4）数据统计和聚合

描述性统计：

```
df.describe()  #获取数据的描述性统计
```

分组：

```
df.groupby('column_name')  #根据某列的值进行分组
```

聚合：

```
df.groupby('column_name').agg({'other_column':'sum'})  #聚合操作
```

5）数据合并

连接：

```
pd.concat([df1,df2])  #沿轴将多个对象堆叠到一起
```

合并：

```
pd.merge(df1,df2,on='common_column')  #数据库风格的合并
```

6）数据重塑

透视表：

```
df.pivot_table(values='value_column',index='row_column',columns='col_column')
```

宽格式与长格式转换：

```
df.melt(id_vars=['id_column'])  #从宽格式转换为长格式
df.pivot(index='row_column',columns='col_column',values='value_column')
#长格式转换为宽格式
```

7）时间序列

日期和时间解析：

```
pd.to_datetime(df['column_name'])
```

时间序列重采样：

```
df.resample('D',on='date_column').sum()  #以天为单位重采样,求和
```

时间序列滑动窗口：

```
df['column_name'].rolling(window=5).mean()  #计算滑动窗口的均值
```

4. Pandas 库中的数据分析

在 Python 的 Pandas 库中进行数据的统计分析通常涉及以下步骤和方法：

1）导入库

```
import pandas as pd
```

2）读取数据

```
#假设数据集是 CSV 文件
df = pd. read_csv('data4. csv')

#对于 Excel 文件,使用 read_excel
#df = pd. read_excel('data. xlsx')
```

3）查看数据集基本信息

```
#显示前几行数据
print(df. head())

#显示数据集的总体信息
print(df. info())

#显示数值型特征的统计特性
print(df. describe())
```

4）数据清洗

```
#删除重复值
df = df. drop_duplicates()

#填充或删除缺失值
df = df. fillna(value = 0)   #使用 0 填充缺失值
#df = df. dropna()   #删除包含缺失值的行

#数据类型转换
df['column_name'] = df['column_name']. astype('int')   #转换数据类型
```

5）特征选择

```
#选择数据集的特定列
df = df[['column1','column2','column3']]
```

6）数据探索

```
#单个列的值统计
print(df['column1']. value_counts())

#相关系数矩阵
print(df. corr())

#条件筛选数据
```

```
filtered_df = df[df['column1'] > 0]
```

7）数据可视化（需要 Matplotlib 或 Seaborn 库）

```
import matplotlib.pyplot as plt
import seaborn as sns

#直方图
df['column1'].hist(bins = 50)
plt.show()

#箱形图
df.boxplot(column = ['column1','column2'])
plt.show()

#散点图
plt.scatter(df['column1'],df['column2'])
plt.xlabel('Column 1')
plt.ylabel('Column 2')
plt.show()

#热力图显示相关系数
sns.heatmap(df.corr(),annot = True)
plt.show()
```

8）分组与聚合

```
#按某列进行分组并计算统计值
grouped = df.groupby('column1')
print(grouped['column2'].agg([pd.np.mean,pd.np.std]))

#多重分组
multi_grouped = df.groupby(['column1','column3'])
print(multi_grouped['column2'].mean())
```

9）数据透视表

```
pivot_table = pd.pivot_table(df,values = 'column2',index = 'column1',columns =
'column3',aggfunc = 'mean')
print(pivot_table)
```

10）高级数据处理

```
#应用函数到列
df['new_column'] = df['column1'].apply(lambda x:x* 2)
```

```
#数据透视表
pivot_table = df.pivot_table(values = 'column2',index = 'column1',aggfunc = 'mean')

#时间序列处理
df['date'] = pd.to_datetime(df['date'])
df = df.set_index('date')
df = df.resample('M').mean()    #按月重采样并计算均值
```

以上步骤展示了使用 Pandas 进行数据分析的常规流程，但实际情况会根据具体的数据集和分析目标而有所不同，你可能需要根据情况添加额外的步骤或者忽略某些步骤。

任务实施

有一份学生信息表格，包含学生的姓名、年龄和成绩。需要读取该表格，计算平均成绩，并找出成绩最高的学生。（注意：程序运行之前，先建好 student_info.csv 文件。建立 CSV 文件的方法详见附录5。）

读取学生信息表格，计算平均成绩，并找出成绩最高的学生

```
import pandas as pd

#读取学生信息表格
data = pd.read_csv("student_info.csv")

#计算平均成绩
mean_score = data["成绩"].mean()

#找出成绩最高的学生
max_score_student = data.loc[data["成绩"].idxmax()]

#打印结果
print("平均成绩:",mean_score)
print("成绩最高的学生:",max_score_student)
```

运行结果：

```
平均成绩： 87.5
成绩最高的学生： 姓名      Bob
年龄      18
成绩      95
Name: 2, dtype: object
```

任务评价

这个案例展示了如何使用 Pandas 库对学生信息数据进行处理和分析。通过使用 Pandas

库中的函数和方法，可以方便地读取、清洗、转换和分析数据，提高了数据处理的效率和准确性。

任务评价表

任务名称	Pandas 库的应用					
评价项目	评价标准	分值标准		自评	互评	教师评价
任务完成情况	正确读取该表格	共60分	12 分			
	正确计算平均成绩		12 分			
	正确找出成绩最高的学生		12 分			
	正确使用 Pandas 库对学生信息数据进行处理和分析		12 分			
	正确使用 Pandas 库中的函数和方法		12 分			
工作态度	态度端正，工作认真	10 分				
工作完整	能按时完成全部任务	10 分				
协调能力	与小组成员之间能够合作交流、协调工作	10 分				
职业素质	能够做到安全生产，爱护公共设施	10 分				
合计		100 分				
综合评分（自评占30%、小组互评占20%、教师评价占50%）						

拓展任务

1. Pandas 库在数据处理和科学计算中的作用是什么？
2. Pandas 库中的 Series 和 DataFrame 有什么区别？
3. 如何使用 Pandas 库读取一个 CSV 文件？
4. 如何使用 Pandas 库计算 DataFrame 中列的平均值？
5. 在上述案例中，如何找到年龄大于等于 18 岁的学生？请使用 Pandas 库实现。

拓展任务参考答案

任务3　SciPy 科学计算

任务目标

– 理解 SciPy 库的基本概念和用途。
– 掌握 SciPy 库中常用模块的功能和使用方法。
– 能够使用 SciPy 进行科学计算、数值积分、最优化、线性代数等任务。

任务要求

– 学习和掌握 Python 的基本语法和数据类型。

– 熟悉 NumPy 库的基本概念和用法。

– 具备一定的数学和科学计算基础。

相关知识

1. SciPy 库及常用模块

SciPy 是一个开放源代码的 Python 算法库和数学工具包。它建立在 NumPy 库之上，提供了大量的计算算法和数学函数的实现。SciPy 是科学计算中使用频率非常高的库，它的模块涵盖了统计分析、优化、信号处理、图像处理、数值积分、插值、特殊函数、快速傅里叶变换、线性代数和稀疏矩阵等多个领域。

SciPy 中常用的模块和它们的用途：

• scipy. stats：用于统计分析，包括概率分布、频率统计函数、相关性函数、检验函数、回归等。

• scipy. optimize：提供了多种优化算法，包括函数最小化、曲线拟合和求解方程组等。

• scipy. interpolate：提供了许多插值方法，可以用于平滑数据和函数近似。

• scipy. sparse：提供了稀疏矩阵的存储和相关的线性代数运算。

• scipy. ndimage：为多维图像提供了处理功能，包括过滤、插值和对象测量等。

2. 使用 scipy. stats 模块的基本示例

```
import scipy. stats as stats

#假设检验示例:T 检验
t_stat,p_val = stats. ttest_1samp(data,0)

#计算正态分布的累积分布函数(CDF)
p = stats. norm. cdf(1.96)

#计算某一数据的 Z 得分
z_score = stats. zscore(data)

#生成一个随机变量
rv = stats. norm(loc = 0,scale = 1)     #均值为 0,标准差为 1 的正态分布
sample = rv. rvs(size = 100)            #生成 100 个样本点
```

3. 使用 scipy. optimize 模块的基本示例

示例 1：使用 minimize 函数进行函数最小化。

假设要找到函数 $f(x)=(x-3)^2$ 的最小值。

```
from scipy.optimize import minimize

#定义目标函数
def func(x):
    return(x-3)** 2

#调用 minimize 函数进行最小化
result =minimize(func,x0 =0)　 #x0 是初始猜测值

print(result)　 #结果对象包含了很多信息
```

运行结果：

```
message: Optimization terminated successfully.
success: True
 status: 0
    fun: 2.5388963550532293e-16
      x: [ 3.000e+00]
    nit: 2
    jac: [-1.697e-08]
hess_inv: [[ 5.000e-01]]
   nfev: 6
   njev: 3
```

示例2：使用 curve_fit 进行曲线拟合。

如果有一些数据点，想通过这些数据点拟合一个函数，比如拟合一个二次函数。

```
import numpy as np
from scipy.optimize import curve_fit

#定义二次函数模型
def model(x,a,b,c):
    return a* x** 2 +b* x +c

#生成带有噪声的数据
xdata =np.linspace( -10,10,100)
ydata =3* xdata** 2 +2* xdata +1 +np.random.normal( size =xdata.size)

#进行曲线拟合
params,covariance =curve_fit(model,xdata,ydata)
```

```
print(params)   #拟合的参数 a,b,c

#输出:[2.99724212 1.9918935  1.0924765]
```

示例3：使用 linprog 进行线性规划。

假设有以下线性规划问题。

```
最小化目标函数:f = -1* x0 +4* x1

约束条件:
 -3* x0 +1* x1 <=6
1* x0 +2* x1 <=4
x1 >= -3

变量范围:
x0 无约束
 -3 <= x1 <=3
```

可以使用 linprog 来解决这个问题。

```python
from scipy.optimize import linprog

#定义目标函数系数
c =[ -1,4]

#定义约束条件的左侧 A_ub
A_ub =[[ -3,1],
       [1,2]]

#定义约束条件的右侧 b_ub
b_ub =[6,4]

#定义变量的界限
x0_bounds =(None,None)
x1_bounds =( -3,3)

#解决线性规划问题
result =linprog(c,A_ub =A_ub,b_ub =b_ub,bounds =[x0_bounds,x1_bounds])

print(result)   #输出结果包含最优值和最优点
```

运行结果：

```
        message: Optimization terminated successfully. (HiGHS Status 7: Optimal)
        success: True
         status: 0
            fun: -22.0
              x: [ 1.000e+01 -3.000e+00]
            nit: 0
          lower:  residual: [        inf  0.000e+00]
                 marginals: [ 0.000e+00  6.000e+00]
          upper:  residual: [        inf  6.000e+00]
                 marginals: [ 0.000e+00  0.000e+00]
          eqlin:  residual: []
                 marginals: []
        ineqlin:  residual: [ 3.900e+01  0.000e+00]
                 marginals: [-0.000e+00 -1.000e+00]
 mip_node_count: 0
 mip_dual_bound: 0.0
        mip_gap: 0.0
```

在以上的例子中，minimize、curve_fit 和 linprog 都返回了一个结果对象，它包含了优化的结果和其他相关信息。比如，result. x 会给出最优解，而 result. success 会告诉我们优化是否成功。

4. 使用 scipy. interpolate 模块的基本示例

scipy. interpolate 模块提供了许多对数据进行插值的函数。使用这些函数，可以在已有数据点之间估计未知点的值。

示例 1：线性插值。

如果有一组离散的点，并且想要在这些点之间进行线性插值，可以使用 interp1d。

```python
from scipy. interpolate import interp1d
import numpy as np
import matplotlib. pyplot as plt

#已知数据点
x = np. linspace(0,10,10)
y = np. cos( -x** 2/9.0)

#创建线性插值函数
f_linear = interp1d(x,y)

#使用插值函数计算新点
xnew = np. linspace(0,10,40)
ynew = f_linear(xnew)    #使用插值函数求值
```

```
#绘图
plt.plot(x,y,'o',label = 'Original data')
plt.plot(xnew,ynew,'-',label = 'Linear Interpolation')
plt.legend()
plt.show()
```

输出结果如图 6-1 所示。

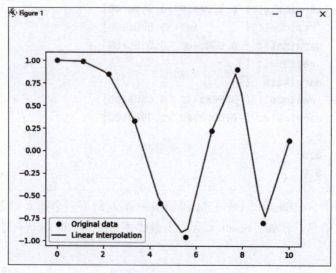

图 6-1　输出结果

示例 2：样条插值。

对于平滑插值，可以使用 splrep 和 splev 函数，或者 UnivariateSpline 类。

```
from scipy.interpolate import UnivariateSpline
import numpy as np
import matplotlib.pyplot as plt

#已知数据点
x = np.linspace(0,10,10)
y = np.cos(-x**2/9.0)

#创建样条插值对象
spline = UnivariateSpline(x,y)

#使用插值对象计算新点
xnew = np.linspace(0,10,40)
ynew = spline(xnew)    #使用插值对象求值

#绘图
plt.plot(x,y,'o',label = 'Original data')
```

```
plt.plot(xnew,ynew,label = 'Spline Interpolation')
plt.legend()
plt.show()
```

输出结果如图6-2所示。

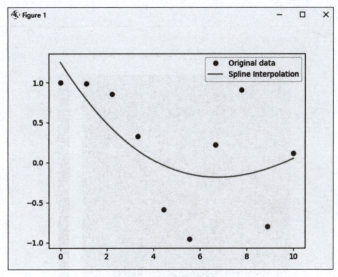

图6-2 输出结果

示例3：二维插值。

如果有二维数据，可以使用interp2d或者griddata函数来进行插值。

```
from scipy.interpolate import interp2d
import numpy as np
import matplotlib.pyplot as plt

#定义一些点和它们的值
x = np.linspace(0,5,10)
y = np.linspace(0,5,10)
x,y = np.meshgrid(x,y)
z = np.sin(x** 2 + y** 2)

#创建一个二维插值函数
f = interp2d(x,y,z,kind = 'linear')

#定义一个新的更密集的网格
xnew = np.linspace(0,5,30)
ynew = np.linspace(0,5,30)

#计算新网格上的插值
znew = f(xnew,ynew)
```

```
#绘制结果
plt.imshow(znew,extent =(0,5,0,5),origin = 'lower')
plt.colorbar()
plt.show()
```

输出结果如图6-3所示。

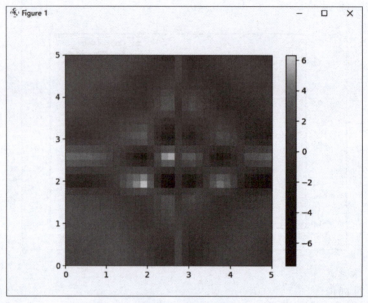

图6-3　输出结果

这些示例展示了 scipy.interpolate 模块提供的不同插值方法。可以根据实际情况和数据的特点选择最适合的插值方法。对于非均匀数据，griddata 是一个非常有用的工具，它可以执行多维插值，并且允许选择插值方法（如线性、最近邻或立方体）。

5. 使用 scipy.sparse 模块的基本示例

scipy.sparse 模块是 SciPy 库的一部分，提供了稀疏矩阵的存储和操作。稀疏矩阵是那些大部分元素为零的矩阵，在科学计算和数据科学中非常常见，尤其是处理大型数据集或者矩阵的时候，稀疏矩阵可以有效地减少内存使用并提高计算效率。

示例1：创建稀疏矩阵。

```
from scipy import sparse
import numpy as np

#创建一个5*5的二维数组,仅有少数非零元素
row = np.array([0,1,2,3])
col = np.array([1,2,3,4])
data = np.array([10,20,30,40])

#使用 coo_matrix 创建一个稀疏矩阵
```

```
sparse_matrix = sparse.coo_matrix((data,(row,col)),shape =(5,5))

print(sparse_matrix)
```

输出：

```
(0, 1)    10
(1, 2)    20
(2, 3)    30
(3, 4)    40
```

示例2：稀疏矩阵格式转换。

稀疏矩阵在 SciPy 中有多种存储格式，比如 COO（Coordinate format）、CSR（Compressed Sparse Row）、CSC（Compressed Sparse Column）等。不同的操作可能会需要不同的格式，例如，矩阵乘法在 CSR 或 CSC 格式下更加高效。

```
from scipy import sparse
import numpy as np

#创建一个5*5的二维数组,仅有少数非零元素
row = np.array([0,1,2,3])
col = np.array([1,2,3,4])
data = np.array([10,20,30,40])

#使用 coo_matrix 创建一个稀疏矩阵
sparse_matrix = sparse.coo_matrix((data,(row,col)),shape =(5,5))

#将 COO 格式转换为 CSR 格式
csr_matrix = sparse_matrix.tocsr()

#将 CSR 格式转换为 CSC 格式
csc_matrix = csr_matrix.tocsc()

#将稀疏矩阵转换为密集矩阵
dense_matrix = csr_matrix.todense()

print(csr_matrix)
print(csc_matrix)
print(dense_matrix)
```

运行结果：

```
  (0, 1)    10
  (1, 2)    20
  (2, 3)    30
  (3, 4)    40
  (0, 1)    10
  (1, 2)    20
  (2, 3)    30
  (3, 4)    40
[[ 0 10  0  0  0]
 [ 0  0 20  0  0]
 [ 0  0  0 30  0]
 [ 0  0  0  0 40]
 [ 0  0  0  0  0]]
```

示例 3：稀疏矩阵的运算。

稀疏矩阵支持多种算术运算，包括矩阵相乘、矩阵与向量相乘等。

```python
from scipy import sparse
import numpy as np

#创建一个 5*5 的二维数组,仅有少数非零元素
row = np. array([0,1,2,3])
col = np. array([1,2,3,4])
data = np. array([10,20,30,40])

#创建一个随机的稀疏矩阵
A = sparse. random(5,5,density = 0.2,format = 'csr')

#创建一个密集向量
v = np. random. rand(5)

#稀疏矩阵与密集向量相乘
result = A. dot(v)

print(result)
```

运行结果：

```
[0.25698536 0.04383875 0.          0.21786993 0.69412469]
```

示例 4：解稀疏线性系统。

使用 scipy. sparse. linalg 模块中的求解器可以解决稀疏线性系统问题。

```python
from scipy. sparse. linalg import spsolve
from scipy. sparse import csc_matrix
```

```
import numpy as np

#创建一个稀疏线性系统 Ax=b
A=csc_matrix([[3,1],[1,2]],dtype=float)
b=np.array([9,8])

#解线性系统
x=spsolve(A,b)

print(x)

#输出:[2.3.]
```

示例 5：使用稀疏矩阵的迭代求解器。

对于大型稀疏线性系统，迭代求解器比直接求解器更加有效。

```
import numpy as np
from scipy.sparse import diags
from scipy.sparse.linalg import cg    #cg stands for Conjugate Gradient method

#创建稀疏线性系统 Ax=b
#由于正在创建一个对角矩阵,因此偏移量为 0(主对角线)
#同时提供对角线值作为主对角线的单个列表。
A=diags([1,2,3,4,5],offsets=0,shape=(5,5),format='csr')
b=np.array([1,2,3,4,5])

#使用 cg 迭代求解器求解线性系统
x,exitCode=cg(A,b)

print(x)

#输出:[1.1.1.1.1.]
```

在上面的示例中，cg 函数返回求解的结果和一个退出代码，退出代码为 0 表示成功求解。

这些只是 scipy.sparse 模块功能的一小部分。在使用稀疏矩阵进行大规模计算时，这个模块可以帮助你高效地处理数据。

6. 使用 scipy.ndimage 模块的基本示例

scipy.ndimage 是一个用于多维图像处理的模块，它提供了过滤、插值、图像测量、形态学、变换等功能。以下是几个使用 scipy.ndimage 模块的基本示例。

示例 1：图像过滤。

图像过滤是图像处理中常用的操作，用于除噪、锐化等目的。

```
import numpy as np
from scipy import ndimage
import matplotlib.pyplot as plt

#创建一个含噪声的图像
np.random.seed(0)
image = np.random.random((128,128))

#应用高斯滤波
filtered_image = ndimage.gaussian_filter(image,sigma=2)

#显示原始图像和过滤后的图像
plt.figure(figsize=(10,5))

plt.subplot(121)
plt.title('Original Image')
plt.imshow(image,cmap='gray')

plt.subplot(122)
plt.title('Filtered Image')
plt.imshow(filtered_image,cmap='gray')

plt.show()
```

输出结果如图6-4所示。

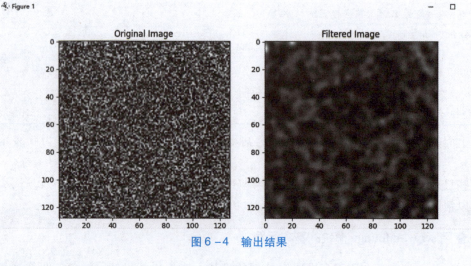

图6-4　输出结果

示例2：图像旋转。

scipy. ndimage 可以用于对图像进行几何变换，如旋转。

```
import numpy as np
```

```
from scipy import ndimage
import matplotlib.pyplot as plt

#创建一个简单的正方形图像
image = np.zeros((32,32))
image[8: -8,8: -8] = 1

#旋转图像 45 度,不裁剪输出
rotated_image = ndimage.rotate(image,45,reshape = True)

#显示原始图像和旋转后的图像
plt.figure(figsize = (10,5))

plt.subplot(121)
plt.title('Original Image')
plt.imshow(image,cmap = 'gray')

plt.subplot(122)
plt.title('Rotated Image')
plt.imshow(rotated_image,cmap = 'gray')

plt.show()
```

输出结果如图 6 –5 所示。

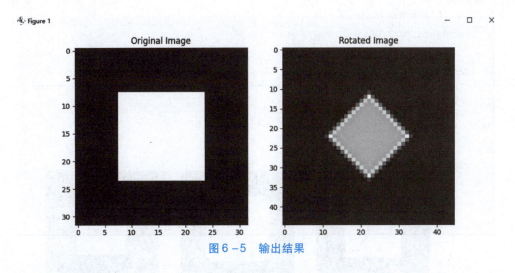

图 6 –5　输出结果

示例 3：形态学操作。
形态学操作如膨胀和腐蚀是对二值图像进行操作的基本方法。

```
import numpy as np
from scipy import ndimage
```

```
import matplotlib.pyplot as plt

#创建一个简单的正方形图像
image = np.zeros((32,32))
image[8:-8,8:-8] = 1

#使用二值膨胀
dilated_image = ndimage.binary_dilation(image).astype(image.dtype)

#使用二值腐蚀
eroded_image = ndimage.binary_erosion(image).astype(image.dtype)

#显示原始图像、膨胀后和腐蚀后的图像
plt.figure(figsize=(15,5))

plt.subplot(131)
plt.title('Original Image')
plt.imshow(image,cmap='gray')

plt.subplot(132)
plt.title('Dilated Image')
plt.imshow(dilated_image,cmap='gray')

plt.subplot(133)
plt.title('Eroded Image')
plt.imshow(eroded_image,cmap='gray')

plt.show()
```

输出结果如图6-6所示。

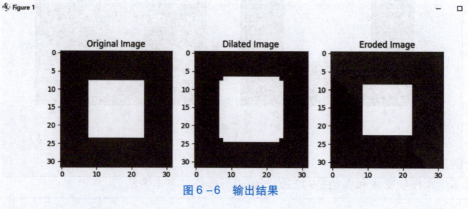

图6-6 输出结果

示例4：测量图像属性。
scipy.ndimage 可以用于测量图像的各种属性，如标签图像的区域。

```
import numpy as np
from scipy import ndimage
import matplotlib. pyplot as plt

#创建一个含有两个不同对象的图像
image = np. zeros((64,64))
image[16:48,16:48] = 1
image[32:64,32:64] = 2

#标记图像
label_im,nb_labels = ndimage. label(image)

#计算对象的大小
sizes = ndimage. sum(image,label_im,range(nb_labels +1))

print(sizes)

#创建一个只包含第二个对象的图像
mask_size = sizes <1000
remove_pixel = mask_size[label_im]
label_im[remove_pixel] = 0

#现在只有第二个对象被标记了
labels = np. unique(label_im)
label_im = np. searchsorted(labels,label_im)

#显示标记后的图像
plt. figure(figsize =(5,5))
plt. title('Labeled Image')
plt. imshow(label_im,cmap = 'nipy_spectral')
plt. colorbar()
plt. show()
```

输出结果如图6-7所示。

在上述示例中，使用了 ndimage. label 函数来标记连通区域，并用 ndimage. sum 来计算每个区域的像素值总和。然后创建了一个遮罩来移除小的对象。

请注意，cmap = 'spectral'在新版的 Matplotlib 中已被移除，如程序调试时报错，可以使用其他的颜色映射（如 cmap = 'nipy_spectral'）。

这些示例展示了 scipy. ndimage 的基础使用方法。通过这个模块，可以执行更复杂的图像处理操作，包括插值、边界检测、特征提取等。

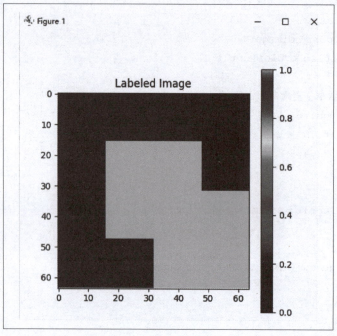

图 6 - 7　输出结果

任务实施

使用 SciPy 拟合数据并进行曲线拟合评估。给定一组实际观测数据，使用 SciPy 库中的函数进行曲线拟合，并评估拟合效果。可以使用 SciPy 库中的 curve_fit 函数进行拟合。这个函数可以拟合任意给定的模型到数据上，并返回拟合的参数以及协方差矩阵。接下来，可以使用拟合的参数来绘制拟合的曲线，并评估拟合效果。

使用 SCIPY
拟合数据并进行
曲线拟合评估

```
import numpy as np
import matplotlib. pyplot as plt
from scipy. optimize import curve_fit

#定义模型函数,这里使用简单的线性模型进行拟合
def linear_model(x,a,b):
    return a* x + b

#提供实际观测数据
x_data = np. array([1,2,3,4,5])
y_data = np. array([2.5,3.5,4.5,5.5,6.5])

#使用 curve_fit 进行曲线拟合
params,covariance = curve_fit(linear_model,x_data,y_data)

#获取拟合的参数
a,b = params
```

```
#绘制原始数据
plt.scatter(x_data,y_data,label='Original data')

#绘制拟合的曲线
plt.plot(x_data,linear_model(x_data,a,b),color='red',label='Fitted line')

#评估拟合效果
#这里可以根据具体情况选择合适的评价指标,比如拟合误差、R方值等
#由于这里是一个简单的示例,仅仅计算了拟合误差
fit_error=np.sqrt(np.mean((linear_model(x_data,a,b)-y_data)**2))
plt.title(f'Fit error:{fit_error:.2f}')

#显示图例
plt.legend()

#显示图形
plt.show()
```

输出结果如图6-8所示。

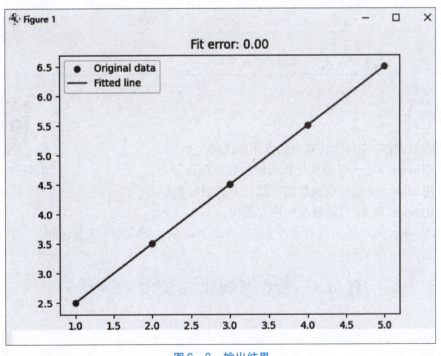

图6-8　输出结果

任务评价

根据拟合效果评估指标,判断拟合结果的准确性和可靠性。

任务评价表

任务名称		SciPy 科学计算				
评价项目	评价标准		分值标准	自评	互评	教师评价
任务完成情况	能够定义线性模型函数	共60分	10分			
	准确给定一组实际观测数据		10分			
	成功使用 SciPy 库中的 curve_fit 函数进行拟合		10分			
	绘制拟合的曲线		10分			
	根据具体情况选择拟合误差作为评价指标		10分			
	正确显示拟合效果		10分			
工作态度	态度端正，工作认真		10分			
工作完整	能按时完成全部任务		10分			
协调能力	与小组成员之间能够合作交流、协调工作		10分			
职业素质	能够做到安全生产，爱护公共设施		10分			
合计			100分			
综合评分（自评占30%、小组互评占20%、教师评价占50%）						

拓展任务

1. 解释 SciPy 库在科学计算中的作用和优势。
2. 使用 scipy.integrate 模块计算函数的数值积分。
3. 使用 scipy.optimize 模块求解非线性方程的数值解。
4. 使用 scipy.linalg 模块解决线性方程组。
5. 使用 scipy.stats 模块进行统计分析，如计算均值、标准差和置信区间。

拓展任务参考答案

任务4 数据可视化

任务目标

– 理解数据可视化在数据处理和科学计算中的重要性。
– 学会使用 Python 中的数据可视化工具进行图表绘制。
– 掌握常见的数据可视化技巧和图表类型。

任务要求

– 学习并理解数据可视化的基本概念和原则。
– 研究 Python 中常用的数据可视化工具和库。
– 实施一个具体的案例来展示数据可视化的应用。
– 对案例进行评价，检查数据可视化的效果和可读性。
– 完成相关的习题，以加深对数据可视化的理解。

相关知识

1. 数据可视化的基本概念和原则

数据可视化是将数据和信息以图形或图像的形式展现的过程，是数据分析的最后一步。它利用了人类视觉系统的能力来理解复杂数据集，通过视觉呈现的方式，将抽象的数字和文字数据转化为可视图表、图形、地图和其他图像类型。其核心目的是使数据更加易于理解、分析和解释。

数据可视化的类型：

● 描述性可视化：用于传达已知的数据点和信息。

● 探索性可视化：用于分析数据集，以发现未知的关系和模式。

● 诊断性可视化：用于理解数据中的问题和原因。

● 预测性可视化：用于展示数据分析或模型预测的结果。

数据可视化的基本原则：

● 清晰性：可视化的目的是让数据更易理解，因此，应避免不必要的复杂性，确保观众能够快速抓住关键信息。

● 准确性：数据可视化需要准确表达数据，不引入误解。这包括使用适当的比例和比较基准。

● 效率：信息应当尽可能直接和迅速地传达，避免使观众在理解上花费不必要的时间。

● 美观性：虽然不是最主要的，但美观的可视化更能吸引观众的注意，也能提升信息传递的效果。

● 可访问性：考虑到所有潜在观众，包括色盲人群，确保可视化对所有人都是可读的。

● 一致性：在一系列的可视化中使用一致的设计和颜色方案，可以帮助观众更好地理解和比较信息。

数据可视化的设计要素：

● 色彩：色彩可以用来区分不同的数据组、吸引注意或表达数据值的强弱。重要的是，要使用一个有意义的色彩方案，并注意色彩的对比度和饱和度。

● 形状和大小：用不同的形状和大小可以表示不同的数据维度或值的大小，但要避免过度使用，以免造成视觉混乱。

● 布局：合理的布局可以帮助观众以合适的顺序和重要性来查看信息。

● 文本：标题、标签、注释和图例对于解释可视化是至关重要的。文本应该清晰、简洁，并且只提供足够的信息来帮助观众理解。

● 比例：确保比例准确无误，特别是在使用条形图或饼图时，不正确的比例会导致误读。

● 网格线和边框：适当使用网格线可以帮助读者准确读取图表中的数值，但过多则可能造成视觉干扰。

● 交互性：对于复杂或多维数据集，交互式元素（如点击、拖动、缩放等）可以帮助用户更深入地探索数据。

● 视觉层次：通过对比度、大小、颜色和位置的巧妙使用，可以创建视觉层次，引导观众的注意力，突出显示最重要的信息。

● 对齐：元素的对齐可以创建结构和组织，让可视化看起来更加整洁和专业。

使用这些原则和设计要素，数据可视化可以更有效地传达信息，使复杂的数据更加易于理解和分析。这是数据科学、商业分析、新闻传播等领域不可或缺的技能。

2. Python 中的数据可视化工具和库

（1）Matplotlib：绘制静态图表的基本工具。

Matplotlib 是一个用于绘制静态图表的基本工具，它是一个功能强大的数据可视化库。它可以用于绘制各种类型的图表，包括折线图、散点图、柱状图、饼图等。

下面是使用 Matplotlib 绘制图表的基本步骤：

● 导入 Matplotlib 库

```
import matplotlib.pyplot as plt
```

● 创建数据

准备要绘制的数据。这可以是列表、NumPy 数组或 Pandas 数据框。

● 创建图表

使用 plt.figure() 创建一个图表对象，可以设置图表的大小和其他属性。

● 绘制图表

使用 Matplotlib 的不同函数绘制所需的图表。例如，使用 plt.plot() 绘制折线图，使用 plt.scatter() 绘制散点图，使用 plt.bar() 绘制柱状图等。

● 设置图表属性

可以设置图表的标题、轴标签、图例等属性，以及调整图表的样式和布局。

● 显示图表

使用 plt.show() 函数显示绘制的图表。

下面是使用 Matplotlib 绘制一个简单折线图的示例。

```
#导入 Matplotlib 库
import matplotlib.pyplot as plt
import matplotlib

#设置 Matplotlib 支持中文显示
matplotlib.rcParams['font.family']='SimHei'   #使用黑体
matplotlib.rcParams['axes.unicode_minus']=False   #正常显示负号
```

```
#创建数据
x = [1,2,3,4,5]
y = [2,4,6,8,10]

#创建图表
plt.figure()

#绘制折线图
plt.plot(x,y)

#设置图表属性
plt.title("简单折线图")
plt.xlabel("X 轴")
plt.ylabel("Y 轴")

#显示图表
plt.show()
```

输出结果如图 6-9 所示。

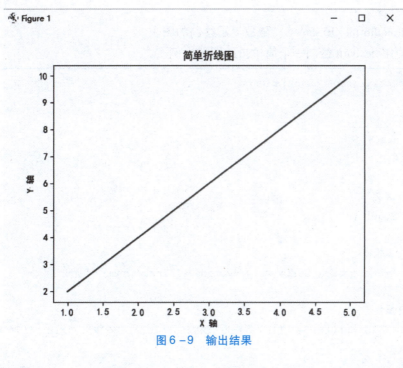

图 6-9　输出结果

这个示例会创建一个简单的折线图，其中，x 轴表示 1~5 的值，y 轴表示相应的 2 倍数值。可以根据自己的需求调整数据和图表属性。

（2）Seaborn：用于创建更美观和复杂的图表。

Seaborn 是一个基于 Matplotlib 的数据可视化库，它提供了一些额外的功能和美观的默认样式，可以帮助创建更美观和复杂的图表。Seaborn 提供了许多简单易用的函数来绘制各种类型的图表，如折线图、散点图、柱状图、热力图等。

下面是使用 Seaborn 绘制图表的基本步骤。

- 导入 Seaborn 库

```
import seaborn as sns
```

- 创建数据

准备要绘制的数据。这可以是列表、NumPy 数组、Pandas 数据框或 Seaborn 内置的数据集。

- 设置 Seaborn 样式

使用 sns. set_style（）函数设置 Seaborn 的默认样式。Seaborn 提供了几种不同的样式，如"darkgrid""whitegrid""dark""white"和"ticks"等。

- 绘制图表

使用 Seaborn 的函数绘制所需的图表。例如，使用 sns. lineplot（）绘制折线图，使用 sns. scatterplot（）绘制散点图，使用 sns. barplot（）绘制柱状图等。

- 设置图表属性

可以设置图表的标题、轴标签、图例等属性，以及调整图表的样式和布局。Seaborn 提供了许多自定义选项来调整图表的外观。

- 显示图表

使用 Matplotlib 的 plt. show（）函数显示绘制的图表。

下面是使用 Seaborn 绘制一个简单折线图的示例。

```
import plotly. graph_objects as go

#创建数据
x = [1,2,3,4,5]
y = [2,4,6,8,10]

#创建图表对象
fig = go. Figure（）

#添加折线图轨迹
fig. add_trace(go. Scatter(x = x,y = y,mode = 'lines',name = '折线图'))

#设置图表属性
fig. update_layout(title = '简单折线图',xaxis_title = 'X 轴',yaxis_title = 'Y 轴')

#显示图表
fig. show（）
```

输出结果如图 6 - 10 所示。

简单折线图

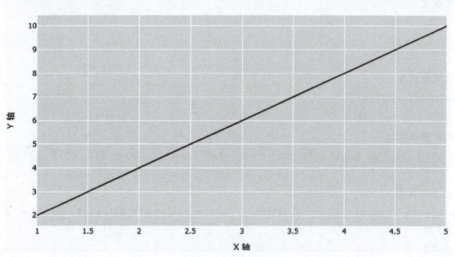

图 6 - 10   输出结果

这个示例使用 Plotly 绘制了一个与之前使用 Matplotlib 和 Seaborn 绘制的折线图相同的图表。可以根据需要使用 Plotly 的其他功能和样式来进一步定制和交互图表。

（3）Plotly：可交互式数据可视化工具。

Plotly 是一种可交互式数据可视化工具，它可以创建高度可定制的图表和可视化，支持各种类型的图表，包括折线图、散点图、柱状图、箱线图、热力图等。Plotly 具有丰富的功能和灵活性，可以在 Web 浏览器中进行交互，并支持创建动态和响应式的图表。

下面是使用 Plotly 进行数据可视化的基本步骤。

- 安装 Plotly 库

```
pip install plotly
```

- 导入 Plotly 库

```
import plotly.graph_objects as go
```

- 创建数据

准备要绘制的数据。这可以是列表、NumPy 数组、Pandas 数据框或 Plotly 内置的数据集。

- 创建图表对象

使用 go.Figure( ) 创建一个图表对象。可以设置图表的类型、布局和其他属性。

- 添加图表轨迹

使用图表对象的 add_trace( ) 方法添加图表轨迹。可以根据需要添加多个轨迹。

- 设置图表属性

可以设置图表的标题、轴标签、图例等属性，以及调整图表的样式和布局。

- 显示图表

使用 fig.show( ) 显示绘制的图表。

下面使用 Plotly 绘制一个简单的折线图。

```
import plotly. graph_objects as go

#创建数据
x = [1,2,3,4,5]
y = [2,4,6,8,10]

#创建图表对象
fig = go. Figure( )

#添加折线图轨迹
fig. add_trace(go. Scatter(x = x,y = y,mode = 'lines',name = '折线图'))

#设置图表属性
fig. update_layout(title = '简单折线图',xaxis_title = 'X 轴',yaxis_title = 'Y 轴')

#显示图表
fig. show( )
```

这个示例使用 Plotly 绘制了一个与之前使用 Matplotlib 和 Seaborn 绘制的折线图相同的图表。可以根据需要使用 Plotly 的其他功能和样式来进一步定制和交互图表。

3. 常见的数据可视化技巧和图表类型

1）数据可视化图表类型

数据可视化可以使用多种图表类型来展示不同类型的数据和分析结果。以下是一些常见的数据可视化图表类型。

● 折线图（Line Plot）

用于显示随时间或其他连续变量变化的数据趋势。可以用于比较不同系列的数据。要在 Python 中生成折线图，通常会使用 Matplotlib 库，它是 Python 中最流行的绘图库之一，如图 6 – 11 所示。

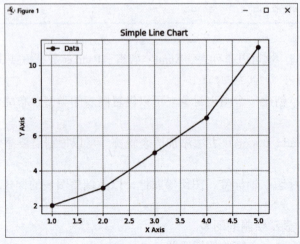

图 6 – 11　折线图

● 散点图（Scatter Plot）

用于显示两个连续变量之间的关系。可以用于发现数据点的分布、趋势或异常值。在 Python 中，通常使用 Matplotlib 库中的 scatter( ) 函数生成散点图，如图 6 – 12 所示。

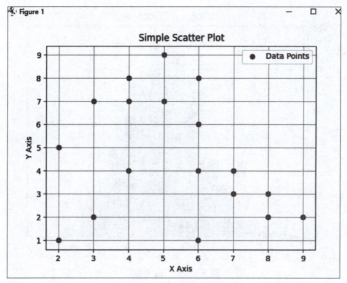

图 6 – 12　散点图

● 条形图（Bar Chart）

用于比较不同类别之间的数据。可以用于显示离散变量的频率、计数或总和。在 Python 中，可以使用 Matplotlib 库来生成条形图，如图 6 – 13 所示。

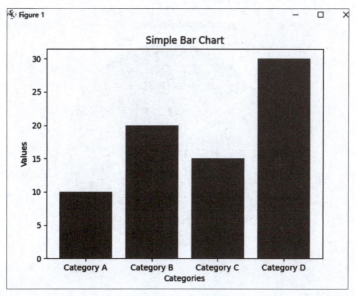

图 6 – 13　条形图

● 直方图（Histogram）

用于显示连续变量的分布。通过将数据分成不同的区间（bin），显示每个区间中的观测频率或密度。在 Python 中，可以使用 Matplotlib 库中的 hist( ) 函数创建直方图，如图 6 – 14 所示。

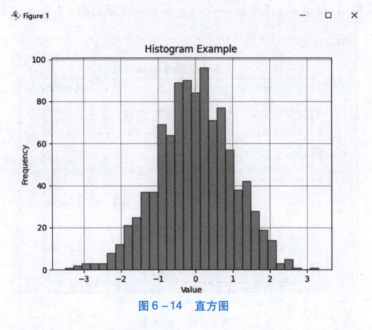

图 6 – 14　直方图

● 饼图（Pie Chart）

用于显示不同类别的占比。适用于相对较少的类别，并且类别之间的差异明显。在 Python 中，可以使用 Matplotlib 库的 pie( ) 函数来生成饼图，如图 6 – 15 所示。

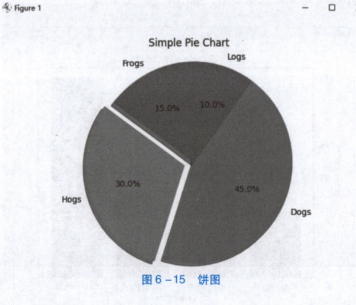

图 6 – 15　饼图

● 箱线图（Box Plot）

用于显示连续变量的分布和离群值。在 Python 中，可以使用 Matplotlib 库来生成箱线图，它是一种用五数概括（最小值、第一四分位数（Q1）、中位数、第三四分位数（Q3）、最大值）表示数据分布的标准化方式，同时也显示异常值，如图 6 – 16 所示。

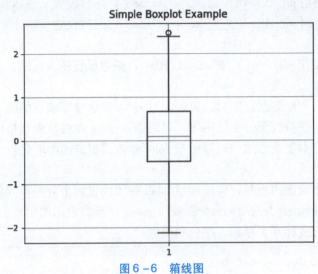

图6－6　箱线图

● 热力图（Heatmap）

用于显示两个离散变量之间的关系，并使用颜色编码来表示变量之间的强度或相关性。在 Python 中，可以使用 Seaborn 库来生成热力图，如图6－17 所示。

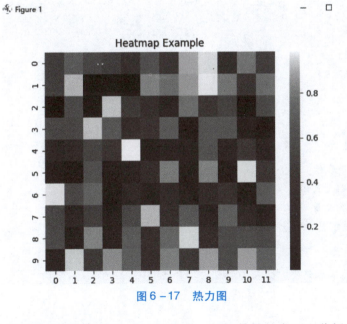

图6－17　热力图

这些图表类型只是数据可视化中的一小部分，根据数据的类型和分析目的，可以选择合适的图表类型来展示数据和结果。

2）标签、标题、颜色、图例的设置

在数据可视化中，常常需要设置标签、标题、颜色和图例等来增加图表的可读性和美观性。

以下是对这些元素的设置方法：

- 标签设置：

  – x 轴标签：使用 plt. xlabel( ) 或 ax. set_xlabel( ) 函数设置 x 轴标签。

  – y 轴标签：使用 plt. ylabel( ) 或 ax. set_ylabel( ) 函数设置 y 轴标签。

- 标题设置：

  – 图表标题：使用 plt. title( ) 或 ax. set_title( ) 函数设置图表标题。

- 颜色设置：

  – 散点图颜色：在绘制散点图时，可以通过 color 参数设置散点的颜色。

  – 线条颜色：对于折线图、曲线图等，可以通过 color 参数设置线条的颜色。

  – 条形图颜色：对于条形图，可以通过 color 参数设置条形的颜色。

- 图例设置：

  – 添加图例：在绘制图表时，可以通过 label 参数设置每个数据系列的标签。

  – 显示图例：使用 plt. legend( ) 或者 ax. legend( ) 函数显示图例。

下面演示如何设置标签、标题、颜色和图例。

```python
import matplotlib.pyplot as plt
import matplotlib

#设置 Matplotlib 支持中文显示
matplotlib.rcParams['font.family']='SimHei'   #使用黑体
matplotlib.rcParams['axes.unicode_minus']=False   #正常显示负号

#创建数据
x=[1,2,3,4,5]
y=[10,15,7,12,9]

#绘制散点图
plt.scatter(x,y,label='散点图',color='red')

#设置标签和标题
plt.xlabel('自变量')
plt.ylabel('因变量')
plt.title('散点图示例')

#显示图例
plt.legend()

#显示图表
plt.show()
```

输出结果如图 6–18 所示。

在这个示例中，使用 Matplotlib 绘制了一个简单的散点图，并设置了 x 轴和 y 轴的标签，以及图表的标题。还通过 label 参数设置了散点图的标签，并使用 color 参数设置了散点的颜色，最后使用 plt. legend( ) 显示图例。可以根据需要使用其他样式和属性来进一步定制图表。

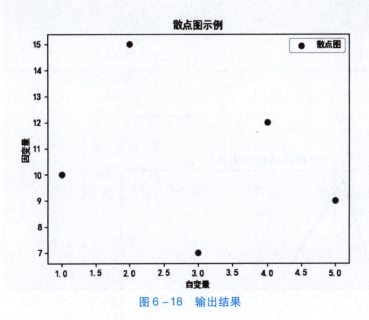

图6-18 输出结果

绘制一个折线图来展示
销售额随时间的变化趋势

任务实施

假设有一份销售数据表格，包含日期和销售额两列，要求绘制一个折线图来展示销售额随时间的变化趋势。（注：运行程序之前，要准备好 sales_data.csv 文件。）

```python
import pandas as pd
import matplotlib.pyplot as plt
import matplotlib

#设置 Matplotlib 支持中文显示
matplotlib.rcParams['font.family']='SimHei'  #使用黑体
matplotlib.rcParams['axes.unicode_minus']=False  #正常显示负号

#读取销售数据表格
data=pd.read_csv("sales_data1.csv")

#将日期列转换为日期类型
data["日期"]=pd.to_datetime(data["日期"])

#绘制折线图
plt.plot(data["日期"],data["销售额"])

#设置横纵轴标签和标题
plt.xlabel("日期")
plt.ylabel("销售额")
```

```
plt.title("销售额随时间的变化趋势")

#显示图表
plt.show()
```

输出结果如图 6 – 19 所示。

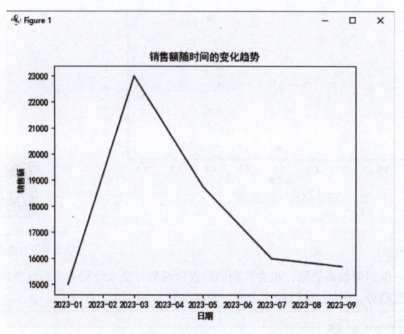

图 6 – 19　输出结果

任务评价

　　这个案例展示了如何使用 Python 中的 Matplotlib 库绘制销售数据的折线图。通过设置横纵轴标签、标题和图表样式，可以清晰地展示销售额随时间的变化趋势，帮助分析销售情况。

任务评价表

任务名称	数据可视化					
评价项目	评价标准		分值标准	自评	互评	教师评价
任务完成情况	正确导入需要使用的库		15 分			
	顺利读取销售数据表格	共60分	15 分			
	将日期列转换为日期类型		15 分			
	成功绘制并展示销售额随时间的变化趋势的折线图		15 分			
工作态度	态度端正，工作认真		10 分			

续表

任务名称		数据可视化			
评价项目	评价标准	分值标准	自评	互评	教师评价
工作完整	能按时完成全部任务	10 分			
协调能力	与小组成员之间能够合作交流、协调工作	10 分			
职业素质	能够做到安全生产，爱护公共设施	10 分			
合计		100 分			
综合评分 （自评占 30%、小组互评占 20%、教师评价占 50%）					

拓展任务

拓展任务参考答案

1. 数据可视化在数据处理和科学计算中的作用是什么？
2. 列举三个常见的数据可视化工具和库。
3. 如何使用 Matplotlib 库绘制柱状图？
4. 如何使用 Seaborn 库创建一个热力图？
5. 在上述案例中，如何设置折线图的颜色和线型？请使用 Matplotlib 库实现。

项目 7
网络运维与 Web 开发

项目介绍

本项目旨在帮助学习者掌握使用 Python 进行网络运维和 Web 开发的基本技巧和工具。通过完成这个项目，学习者可以学会使用 Python 进行网络设备管理、自动化运维和 Web 应用开发等任务。

学习要求

1. 网络基础知识
- 了解 TCP/IP 协议栈和网络设备的基本概念。
- 理解网络通信原理和常用网络协议。

2. Python 中的网络编程库和工具
- Python 标准库中的 Socket 模块编程的步骤。
- requests 库在 HTTP 通信场景中的应用。

3. Python 语言构建 Web 应用程序
- 用 Django 框架构建 Web 应用程序。
- 用 Flask 框架构建 Web 应用程序。

4. 使用 Python 库和工具解析 HTML 或 JSON 数据

对应的 1 + X 考点

1. 网络设备管理与自动化运维
- 使用 Python 的网络库（如 Paramiko、Netmiko）进行网络设备的连接和配置。
- 实现网络设备的自动化配置和运维任务，如批量配置、备份和故障排除等。

2. Web 应用开发
- 掌握 Python 的 Web 框架（如 Django、Flask）的基本概念和用法。
- 使用 Web 框架开发基本的 Web 应用，包括路由、模板和数据库等功能。

3. 从 Web 抓取信息

－能够使用 Python 编写程序来从 Web 页面中提取所需的信息。

－使用 Python 的库和工具来发送 HTTP 请求、解析 HTML 或 JSON 数据，并提取所需的信息。

任务1 网络编程基础

任务目标

－理解网络编程在 Python 网络运维和 Web 开发中的重要性。

－学习 Python 中的网络编程基础知识和技术。

－掌握常见的网络编程库和工具。

任务要求

－学习并理解网络编程的基本概念和原理。

－研究 Python 中常用的网络编程库和工具。

－实施一个具体的案例来展示网络编程的应用。

－对案例进行评价，检查网络通信的效果和可靠性。

－完成相关的习题，以加深对网络编程的理解。

相关知识

1. 网络通信的基本概念和原理

1）网络通信的基本模型

● 客户端－服务器模型：客户端发送请求，服务器接收请求并提供服务。

● 对等模型（P2P）：各个计算机之间平等地共享资源和服务，不需要专门的服务器。

2）TCP/IP 协议

● TCP/IP 协议是一组用于互联网通信的协议集合，包括 TCP（传输控制协议）和 IP（互联网协议）等协议。

● TCP 协议提供可靠的、面向连接的数据传输服务，确保数据的完整性和顺序。

● IP 协议负责将数据包从源主机传输到目标主机，提供寻址和路由功能。

● TCP/IP 协议还包括其他协议，如 HTTP（超文本传输协议）、FTP（文件传输协议）等。

2. Python 中的网络编程库和工具

（1）Socket 模块：用于创建网络套接字和进行网络通信。

它提供了一系列函数和类，用于在 Python 程序中实现网络通信。

以下是 Socket 模块的一些常用功能：

- 创建套接字
- socket（）：创建一个套接字对象，用于网络通信。
- AF_INET：IPv4 地址簇。
- AF_INET6：IPv6 地址簇。
- SOCK_STREAM：流套接字，用于 TCP 协议。
- SOCK_DGRAM：数据报套接字，用于 UDP 协议。
- 绑定地址和端口
- bind（）：将套接字绑定到指定的 IP 地址和端口号。
- getsockname（）：获取套接字的本地地址和端口。
- 监听连接请求
- listen（）：开始监听连接请求。
- accept（）：接受客户端的连接请求，返回一个新的套接字对象。
- 发起连接请求
- connect（）：发起与服务器的连接请求。
- 发送和接收数据
- send（）：发送数据到套接字。
- recv（）：从套接字接收数据。
- sendto（）：发送数据到指定的地址。
- recvfrom（）：从指定的地址接收数据。
- 关闭套接字
- close（）：关闭套接字连接。

Socket 编程的一般步骤如下。

- 创建套接字：使用 Socket API 创建一个套接字对象。
- 绑定地址和端口：将套接字与特定的 IP 地址和端口号绑定。
- 监听连接请求：对于服务器，开始监听连接请求。
- 接受连接：对于服务器，接受客户端的连接请求。
- 发送和接收数据：通过套接字发送和接收数据。
- 关闭连接：在通信完成后，关闭套接字连接。

（2）requests 库：用于发送 HTTP 请求和接收响应。

requests 库是一个常用的 Python 第三方库，适用于各种 HTTP 通信场景，如发送 HTTP 请求、处理 HTTP 响应、处理 Cookie 等。它提供了简洁而直观的 API，简化了 HTTP 通信的操作，使开发者可以更加专注于业务逻辑的实现。通过 requests 库，可以轻松地与 Web 服务进行交互，并处理返回的数据。

以下是 requests 库的一些常用功能：

- 发送 HTTP 请求
- get（）：发送 GET 请求。
- post（）：发送 POST 请求。

- put( )：发送 PUT 请求。
- delete( )：发送 DELETE 请求。
- head( )：发送 HEAD 请求。
- options( )：发送 OPTIONS 请求。
- patch( )：发送 PATCH 请求。

● 设置请求参数

- params：设置 URL 中的查询参数。
- data：设置请求体中的数据。
- json：设置请求体中的 JSON 数据。
- headers：设置请求头部。
- cookies：设置请求中的 Cookie。
- auth：设置身份验证信息。

● 处理响应

- status_code：获取响应的状态码。
- text：获取响应的文本内容。
- content：获取响应的二进制内容。
- json( )：解析响应的 JSON 数据。
- headers：获取响应的头部信息。
- cookies：获取响应中的 Cookie。

● 处理异常

- HTTPError：处理 HTTP 错误。
- ConnectionError：处理连接错误。
- Timeout：处理超时错误。

● 会话管理

- Session：创建一个会话对象，可以持久化地保持会话状态。
- CookieJar：用于管理 Cookie 信息。

在使用 requests 库处理响应中，读取 HTTP 状态码是一项重要的能力。HTTP 状态码是一个 3 位数字，用于表示服务器对请求的处理结果。常见的 HTTP 状态码有：

- 200 OK：请求成功。
- 201 Created：成功创建了资源。
- 400 Bad Request：请求无效。
- 401 Unauthorized：请求需要身份验证。
- 403 Forbidden：服务器拒绝了请求。
- 404 Not Found：请求的资源不存在。
- 500 Internal Server Error：服务器内部错误。

通过检查 status_code 的值，可以判断请求是否成功以及服务器对请求的处理结果。一般来说，2xx 表示成功，3xx 表示重定向，4xx 表示客户端错误，5xx 表示服务器错误。

以下展示如何获取响应的状态码：

```
import requests

response = requests.get('https://www.example.com')
status_code = response.status_code
print(status_code)     #根据实际情况,返回 HTTP 状态码
```

（3）Django 框架：用于构建 Web 应用程序。

Django 是一个用于构建 Web 应用程序的高级 Python Web 框架，无论是构建小型的个人博客，还是开发大型的企业级应用，Django 都是一个强大而可靠的选择。

Django 具有以下特点：

－强大的对象关系映射（ORM）系统：可以使用 Python 代码来操作数据库，而不需要编写 SQL 语句。

－自带一个自动生成的管理界面：可以方便地对数据库进行管理和操作，包括添加、修改和删除数据等。

－灵活的 URL 映射：可以根据不同的 URL 路由到不同的视图函数。它支持正则表达式和命名参数，使 URL 配置更加灵活和可扩展。

－内置了一个模板引擎：可以将数据和逻辑与 HTML 模板分离，提高代码的可读性和维护性。

－提供了一系列的安全性功能：包括防止跨站点请求伪造（CSRF）、防止 SQL 注入、密码哈希等。

－提供了一套完整的测试框架：可以方便地编写和运行单元测试、集成测试和功能测试等。

使用 Django 构建 Web 应用程序的基本流程：

● 安装 Django 框架

使用 pip 命令来安装最新版本的 Django：

```
pip install Django
```

● 创建 Django 项目

在命令行中，使用 django－admin 命令创建一个新的 Django 项目：

```
django-admin startproject myproject
```

这将创建一个名为 myproject 的项目文件夹，并在其中生成一些初始文件和目录。

● 创建 Django 应用

进入项目文件夹，使用 manage.py 文件来创建一个新的 Django 应用：

```
cd myproject
python manage.py startapp myapp
```

这将在项目文件夹中创建一个名为 myapp 的应用。

● 配置数据库

打开 settings.py 文件，配置数据库连接信息。可以选择使用 SQLite 作为默认数据库，也

可以配置其他数据库后端。

● 创建数据模型

在 myapp 应用中，创建一个 models.py 文件，并定义数据模型类。数据模型类用于定义应用程序中的数据结构。

● 迁移数据库

运行以下命令来创建数据库表和字段：

```
python manage.py makemigrations
python manage.py migrate
```

这将生成数据库迁移文件，并将其应用到数据库中。

● 创建视图函数

在 myapp 应用中，创建一个 views.py 文件，并定义视图函数。视图函数用于处理请求，执行业务逻辑，并返回响应。

● 配置 URL 映射

在 myproject 项目文件夹的 urls.py 文件中配置 URL 映射，将 URL 路由到相应的视图函数。

● 运行开发服务器

运行以下命令来启动 Django 开发服务器：

```
python manage.py runserver
```

默认情况下，开发服务器会在本地的 http://127.0.0.1:8000/ 上运行。

● 编写模板

在 myapp 应用中，创建一个 templates 文件夹，并在其中编写 HTML 模板文件。模板用于显示动态生成的数据。

● 在视图函数中使用模板

在视图函数中使用 render 函数来渲染模板，并将数据传递给模板。

任务实施

假设需要编写一个简单的客户端 – 服务器程序，客户端发送一个请求给服务器，服务器接收请求并返回一个响应。

实现一个简单的
客户端 – 服务器程序

【服务器端代码】

```
import socket

#创建套接字对象
server_socket = socket.socket(socket.AF_INET,socket.SOCK_STREAM)

#绑定 IP 地址和端口号
server_socket.bind(("127.0.0.1",8888))

#监听连接
```

```
server_socket.listen(1)

print("服务器启动,等待连接…")

#接受客户端连接
client_socket,client_address = server_socket.accept()
print("客户端已连接:",client_address)

#接收客户端请求
data = client_socket.recv(1024)
print("收到请求:",data.decode())

#处理请求
response = "Hello,client!"
client_socket.send(response.encode())

#关闭连接
client_socket.close()
server_socket.close()
```

【客户端代码】

```
import socket

#创建套接字对象
client_socket = socket.socket(socket.AF_INET,socket.SOCK_STREAM)

#连接服务器
client_socket.connect(("127.0.0.1",8888))

#发送请求
request = "Hello,server!"
client_socket.send(request.encode())

#接收响应
response = client_socket.recv(1024)
print("收到响应:",response.decode())

#关闭连接
client_socket.close()
```

运行结果:
（1）首先运行服务器端。

```
服务器启动，等待连接...
```

（2）然后运行客户端。

```
收到响应：Hello, client!
```

此时，服务器端显示：

```
服务器启动，等待连接...
客户端已连接：('127.0.0.1', 50199)
收到请求：Hello, server!
```

任务评价

这个案例展示了一个简单的客户端和服务器之间的网络通信过程。通过创建套接字、绑定地址、监听连接、接收和发送数据，实现了一个基本的客户端－服务器程序。这个案例可以帮助理解网络编程的基本概念和流程。

任务评价表

任务名称	网络编程基础					
评价项目	评价标准	分值标准		自评	互评	教师评价
任务完成情况	理解网络编程的基本概念和原理	共60分	12 分			
	服务器、客户端均创建套接字对象		12 分			
	服务器绑定 IP 地址和端口号		12 分			
	客户端成功连接服务器、发送请求		12 分			
	服务器成功接受客户端连接、处理请求		12 分			
工作态度	态度端正，工作认真	10 分				
工作完整	能按时完成全部任务	10 分				
协调能力	与小组成员之间能够合作交流、协调工作	10 分				
职业素质	能够做到安全生产，爱护公共设施	10 分				
合计		100 分				
综合评分（自评占 30%、小组互评占 20%、教师评价占 50%）						

拓展任务

1. 简述网络编程在 Python 网络运维和 Web 开发中的应用场景。
2. 列举三个常用的 Python 网络编程库和工具。

拓展任务参考答案

3. 什么是 Socket 编程？它在网络编程中的作用是什么？

4. 如何使用 requests 库发送 HTTP 请求并接收响应？

5. 在上述案例中，为什么需要使用 encode（ ）和 decode（ ）方法进行编码和解码操作？请解释原因。

任务 2　Flask 框架构建 Web 应用程序

任务目标

– 了解 Flask 框架的特点和优势，以及如何使用它来构建 Web 应用程序。

– 学习使用 Flask 框架进行路由和视图函数的定义，实现不同页面的展示和交互。

– 掌握 Flask 的模板引擎，能够构建动态的 Web 页面。

– 学习处理表单数据、连接数据库以及实现用户认证和授权等功能。

任务要求

– 通过阅读 Flask 框架的官方文档和相关教程，了解 Flask 框架的特点和用法。

– 搭建开发环境，安装 Flask 框架，并创建一个简单的 Flask 应用程序进行实验和练习。

– 学习路由和视图函数的定义，以及如何处理不同 URL 请求并返回相应的结果。

– 掌握 Flask 的模板引擎，学习如何渲染动态内容并将其呈现给用户。

– 学习如何处理表单数据，包括表单验证、数据获取和存储等。

– 学习如何连接数据库并进行数据的增删改查操作。

– 实践一个任务案例，例如开发一个简单的博客网站或一个任务管理系统，以应用所学知识。

– 完成任务后，对功能实现的完整性、代码质量和用户体验等方面进行评价，以提升自己的开发能力。

相关知识

1. Flask 框架的特点、优势和基本用法

1）Flask 的特点和优势

– 简洁而灵活：Flask 是一个轻量级的 Python Web 框架，其提供了一些核心功能，但没有过多的约束和限制。开发者可以根据自己的需求进行扩展和定制，使开发过程更加灵活和高效。

– 易于学习和使用：提供了一些常用的功能和工具，如路由、模板引擎、表单处理等，使开发过程更加简单和快速。

– 内置的开发服务器：内置了一个开发服务器，可以方便地在本地运行和调试应用程序，而无须额外安装和配置其他服务器软件。

– 没有强制的项目结构：开发者可以按照自己的喜好来组织代码和文件。

– 高度可扩展：提供了丰富的扩展库和插件，可以方便地集成其他功能和服务，如数据库连接、身份验证、缓存等。

2）Flask 的基本用法

• 安装 Flask

使用 pip 命令来安装 Flask 框架。

```
pip install Flask
```

• 创建 Flask 应用

在 Python 文件中导入 Flask 模块，并创建一个 Flask 应用对象。

```
from flask import Flask

app = Flask(__name__)
```

• 定义路由和视图函数

使用@ app. route 装饰器来定义 URL 路由和对应的视图函数。视图函数用于处理请求，并返回响应。

```
@ app. route('/')
def index():
    return 'Hello,Flask! '
```

• 运行开发服务器

使用 app. run( ) 方法来启动 Flask 开发服务器，并监听指定的主机和端口。

```
if __name__ == '__main__':
    app. run( host = '0. 0. 0. 0',port =5000)
```

默认情况下，开发服务器会在本地的 http：//127. 0. 0. 1：5000/上运行。

IDE 显示的信息：

```
* Serving Flask app 'try'
* Debug mode: off
WARNING: This is a development server. Do not use it in a production deployment. Use a production WSGI server
* Running on all addresses (0.0.0.0)
* Running on http://127.0.0.1:5000
* Running on http://192.168.159.133:5000
Press CTRL+C to quit
127.0.0.1 - - [19/Jan/2024 11:47:01] "GET / HTTP/1.1" 200 -
```

打开浏览器，输入 http：//127. 0. 0. 1：5000/，页面如图 7 - 1 所示。

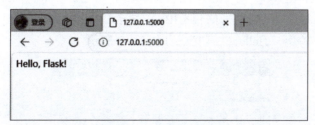

图 7 - 1　页面显示结果

● 运行应用程序的方法

有时需要在命令行中运行 Python 文件，启动 Flask 应用程序，方法如下：

```
python app.py
```

在项目开发中，可以使用 Flask 提供的各种功能和工具，如模板引擎、表单处理、数据库连接等，来构建更加复杂和功能丰富的 Web 应用程序。

2. 路由和视图函数的定义，以及如何处理不同 URL 请求

在 Flask 中，路由用于将 URL 映射到相应的视图函数，视图函数则用于处理请求并返回响应。

以下是路由和视图函数的定义以及如何处理不同 URL 请求的示例。

1）定义路由和视图函数

```python
from flask import Flask

app = Flask(__name__)

@app.route('/')
def index():
    return 'Hello,Flask! '

@app.route('/about')
def about():
    return 'This is the About page. '

@app.route('/user/<username>')
def show_user(username):
    return 'Hello,! '.format(username)

app.run()
```

在上面的示例中，定义了三个路由和对应的视图函数。@app.route 装饰器用于定义路由，其中的 URL 路径是将要匹配的 URL。视图函数则是对应的处理函数，用于执行业务逻辑并返回响应。

2）处理不同 URL 请求

－处理根 URL 请求：当用户访问根 URL（http://127.0.0.1:5000/）时，将调用 index 视图函数，并返回字符串"Hello,Flask!"，如图 7－2 所示。

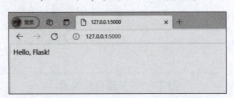

图 7－2　处理根 URL 请求

－处理/about URL 请求：当用户访问/about 路径（http：//127.0.0.1：5000/about）时，将调用 about 视图函数，并返回字符串"This is the About page."，如图 7－3 所示。

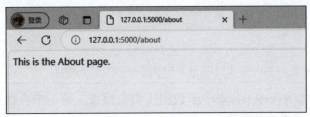

图 7－3　处理/about URL 请求

－处理/user/URL 请求：当用户访问/user/＜username＞路径（如/user/john）时，将调用 show_user 视图函数，并将 username 作为参数传递给视图函数。视图函数可以使用该参数来动态生成响应。

3）使用 Flask 开发服务器运行应用程序

```
if __name__=='__main__':        #用本程序块替换掉之前的 app.run()
    app.run(host='0.0.0.0',port=5001)
```

这两条语句使用 app.run() 方法来启动 Flask 开发服务器，这样可以指定主机和端口。运行应用程序后，可以通过访问相应的 URL 来触发对应的视图函数，并获得响应，如图 7－4 所示。

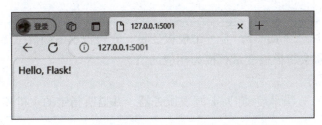

图 7－4　使用 Flask 开发服务器运行应用程序

通过以上的示例，可以根据路由的定义来处理不同的 URL 请求。Flask 框架会自动根据 URL 路径匹配对应的路由，并调用相应的视图函数来处理请求。开发者可以根据需要定义不同的路由和视图函数，并在视图函数中编写业务逻辑来处理请求和生成响应。

3. Flask 的模板引擎

Flask 提供了模板引擎（Template Engine）来简化动态内容的渲染和页面生成。模板引擎可以将静态的 HTML 模板与动态数据进行结合，生成最终的 HTML 页面。

Flask 模板引擎的基本用法如下。

1）创建模板文件

在 Flask 应用的根目录下创建一个名为 templates 的文件夹，并在该文件夹中创建模板文件，以 .html 作为文件扩展名。例如，创建一个名为 index1.html 的模板文件。

2）定义路由和视图函数

在 Python 文件中定义路由和视图函数，视图函数将渲染模板并返回响应。

```
from flask import Flask,render_template
app = Flask(__name__)

@ app.route('/')
def index():
    return render_template('index1.html',name = 'John')
```

在上面的示例中，render_template 函数用于渲染模板。第一个参数是模板文件的名称，后续参数可以传递给模板中的变量。

3）编写模板文件

打开创建的模板文件（index1.html），使用模板引擎提供的语法和变量来动态生成内容。

```
<! DOCTYPE html >
<html >
<head >
    <title >Flask Template Engine </title >
</head >
<body >
    <h1 >Hello,{{ name }}! </h1 >
</body >
</html >
```

在上面的示例中，{{name}} 是一个模板变量，它将被视图函数中传递的值替换。在渲染模板时，模板引擎会将模板变量替换为相应的值。

4）运行应用程序

使用 app.run() 方法来启动 Flask 开发服务器，并监听指定的主机和端口。

```
app.run()        #接在第2）步定义路由和视图函数的代码后面
```

5）访问应用程序

通过浏览器访问应用程序的 URL（如 http://127.0.0.1:5000/），即可看到渲染后的页面，如图 7-5 所示。

图 7-5　渲染后的页面

通过模板引擎，开发者可以将动态数据注入静态的 HTML 模板中，生成最终的 HTML 页面。模板引擎提供了丰富的语法和功能，如条件判断、循环、变量过滤器等，可以帮助开发者更方便地生成页面。开发者可以根据需要在模板文件中定义变量和逻辑，然后在视图函数中传递相应的数据，模板引擎会根据模板文件的定义进行渲染，最终生成动态的页面内容。

4. 表单处理

表单处理包括表单验证、数据获取和存储等。

在 Flask 中处理表单需要以下几个步骤。

1）创建表单类

使用 Flask – WTF 扩展可以方便地创建表单类。表单类继承自 flask_wtf. FlaskForm，并定义表单中的字段和验证规则。

```python
from flask_wtf import FlaskForm
from wtforms import StringField,SubmitField
from wtforms. validators import DataRequired


class MyForm(FlaskForm):
    name = StringField('Name',validators =[DataRequired()])
    email = StringField('Email',validators =[DataRequired()])
    submit = SubmitField('Submit')
```

在上面的示例中，创建了一个名为 MyForm 的表单类，其中包含了一个文本字段和一个提交按钮。StringField 表示文本字段，SubmitField 表示提交按钮。validators 参数用于指定验证规则，DataRequired 表示该字段不能为空。

2）定义路由和视图函数

在 Python 文件中定义处理表单的路由和视图函数。

```python
#接上面第1)步创建表单类的代码

from flask import Flask,render_template,request


app = Flask(__name__)
app. config['SECRET_KEY'] = 'secret_key'


@ app. route('/',methods =['GET','POST'])
def index():
    form = MyForm()
    if form. validate_on_submit():
        name = form. name. data
        email = form. email. data
        #处理表单数据
        return f'Hello,{name}! Your email is {email}. '
    return render_template('index2. html',form = form)
```

在上面的示例中，定义了处理表单的路由和视图函数。视图函数首先创建表单实例，然后调用 validate_on_submit 方法来验证表单数据。如果表单数据通过验证，视图函数会获取表单中的数据，并进行相应的处理，否则，视图函数会将表单实例传递给模板，以便在页面中显示表单。

3）编写模板文件

在根目录下创建一个名为 templates 的文件夹，并在该文件夹中创建模板文件，以 .html 作为文件扩展名。例如，创建一个名为 index2.html 的模板文件。

打开模板文件 index2.html，使用模板引擎提供的表单渲染函数和表单字段来生成表单。

```html
<! DOCTYPE html >
<html >
<head >
    <title >Flask Form Handling </title >
</head >
<body >
    <h1 >Form Handling </h1 >
    < form method = "POST" action = "/" >
        {{ form.csrf_token }}
        {{ form.name.label }} {{ form.name }}
        {{ form.email.label }} {{ form.email }}
        {{ form.submit }}
    </form >
</body >
</html >
```

在上面的示例中，{{form.csrf_token}} 用于生成 CSRF 令牌，{{form.name.label}} 和 {{form.name}} 用于生成文本字段的标签和输入框，{{form.submit}} 用于生成提交按钮。

4）运行应用程序

使用 app.run() 方法来启动 Flask 开发服务器，并监听指定的主机和端口。

```
app.run()        #接在第 2）步定义路由和视图函数的代码后面
```

IDE 显示的信息：

```
* Serving Flask app 'try-form'
* Debug mode: off
WARNING: This is a development server. Do not use it in a production deployment. Use a production WSGI server :
* Running on http://127.0.0.1:5000
Press CTRL+C to quit
```

5）访问应用程序

通过浏览器访问应用程序的 URL（如 http://127.0.0.1:5000/），即可看到包含表单的页面，如图 7-6 所示。

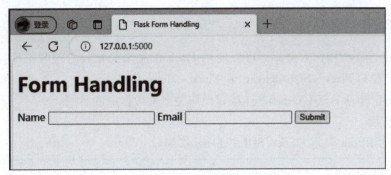

图 7 – 6　包含表单的页面

在表单输入框中输入 Name 和 Email 信息，如图 7 – 7 所示。

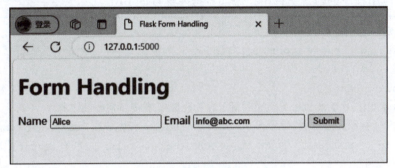

图 7 – 7　输入 Name 和 Email 信息

然后单击"Submit"按钮，如图 7 – 8 所示。

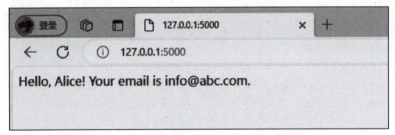

图 7 – 8　单击"Submit"按钮

IDE 显示的信息：

```
* Serving Flask app 'try-form'
* Debug mode: off
WARNING: This is a development server. Do not use it in a production deployment. Use a production WSGI server
* Running on http://127.0.0.1:5000
Press CTRL+C to quit
127.0.0.1 - - [19/Jan/2024 12:57:57] "GET / HTTP/1.1" 200 -
127.0.0.1 - - [19/Jan/2024 12:57:58] "GET /favicon.ico HTTP/1.1" 404 -
127.0.0.1 - - [19/Jan/2024 13:01:01] "POST / HTTP/1.1" 200 -
```

通过 Flask – WTF 扩展，开发者可以方便地创建表单类，并使用模板引擎来生成表单。在视图函数中，可以使用 validate_on_submit 方法来验证表单数据，并获取表单中的数据进行处理。Flask – WTF 扩展还提供了其他的验证规则和功能，如邮箱验证、密码验证、重复密码验证等，开发者可以根据需要进行配置和使用。

5. 连接和操作数据库

在 Flask 中连接和操作数据库，可以使用 Flask 扩展来简化和管理数据库操作。常用的 Flask 数据库扩展有 Flask – SQLAlchemy 和 Flask – MongoEngine。

以下是使用 Flask – SQLAlchemy 连接和操作关系型数据库的示例。

1）安装扩展

在终端中使用 pip 安装 Flask – SQLAlchemy 扩展。

```
pip install Flask - SQLAlchemy
```

2）配置数据库连接

在 Flask 应用程序的配置文件中，添加数据库连接的 URL。

```
from flask import Flask
from flask_sqlalchemy import SQLAlchemy


app = Flask(__name__)
#配置数据库 URI,这里以 SQLite 为例,对于其他数据库,需要不同的 URI 格式
app.config['SQLALCHEMY_DATABASE_URI'] = 'sqlite:///your - database - name.db'
app.config['SQLALCHEMY_TRACK_MODIFICATIONS'] = False   #可选,用于设置是否追踪对象
的修改并且发送信号
```

3）创建数据模型

在 Python 文件中定义数据模型类，用于表示数据库中的表结构。

```
db = SQLAlchemy(app)
class User(db.Model):
    id = db.Column(db.Integer,primary_key = True)
    username = db.Column(db.String(80),unique = True,nullable - False)
    email = db.Column(db.String(120),unique = True,nullable = False)

    def __repr__(self):
        return '<User % r>' % self.username
```

在上面的示例中，创建了一个名为 User 的数据模型类，它继承自 db.Model。在类中定义的属性和列对应数据库中的表和列。db.Column 用于定义列的类型和约束，db.Integer 表示整数类型，db.String 表示字符串类型。

4）创建数据库表

在终端中使用 Flask 命令创建数据库表。

```
#在第一次运行之前,需要创建数据库表,后续只需在模型改变的时候运行
with app.app_context():
    db.create_all()
```

5）使用数据库

在视图函数中，可以使用数据库对象来进行数据库操作。

```
@ app. route('/add_user/<username>/<email>')
def add_user(username,email):
    new_user = User(username = username,email = email)
    db. session. add(new_user)
    db. session. commit()
    return 'User added! '


@ app. route('/users')
def list_users():
  users = User. query. all()
    users_output = [ ]
    for user in users:
        user_data = {'id':user. id,'username':user. username,'email':user. email}
        users_output. append(user_data)
    return {'users':users_output}


@ app. route('/update_user/<int:user_id>/<new_email>')
def update_user(user_id,new_email):
    user = User. query. get(user_id)
    if user:
        user. email = new_email
        db. session. commit()
        return 'User updated! '
    else:
        return 'User not found! '


@ app. route('/delete_user/<int:user_id>')
def delete_user(user_id):
    user = User. query. get(user_id)
    if user:
        db. session. delete(user)
        db. session. commit()
        return 'User deleted! '
    else:
        return 'User not found! '
```

在上面的示例中，添加、显示、更新、删除用户数据，并将它们传递给模板。
6）启动 Flask Web 应用
在应用程序结束时，关闭数据库连接。

```
if __name__ == '__main__':
    app. run(debug = True)
```

通过 Flask – SQLAlchemy 扩展，开发者可以方便地连接和操作关系型数据库。在数据模型类中定义的属性和列，对应数据库中的表和列。使用数据库对象，可以执行各种数据库操作，如查询、插入、更新和删除数据等。Flask – SQLAlchemy 还提供了事务管理、查询过滤、排序、分页等功能，方便开发者进行复杂的数据库操作。

6. 用户认证和授权的实现方法

在 Flask 中实现用户认证和授权，可以使用 Flask 扩展来简化开发过程。常用的 Flask 用户认证和授权扩展有 Flask – Login 和 Flask – User。

以下是使用 Flask – Login 实现用户认证和授权的示例。

1）安装扩展

在终端中使用 pip 安装 Flask – Login 扩展。

```
pip install Flask – Login
```

2）创建用户模型

在 Python 文件中定义用户模型类，用于表示用户信息。

```
from flask_login import UserMixin

class User(UserMixin):
    def __init__(self,id):
        self.id = id
```

在上面的示例中，创建了一个名为 User 的用户模型类，它继承自 UserMixin。UserMixin 是 Flask – Login 提供的一个混入类，它包含了一些用户认证和授权所需的方法和属性。

3）初始化扩展

在应用程序创建时，初始化 Flask – Login 扩展。

```
from flask import Flask
from flask_login import LoginManager

app = Flask(__name__)
app.config['SECRET_KEY'] = 'your_secret_key'

login_manager = LoginManager()
login_manager.init_app(app)
```

在上面的示例中，创建了一个 LoginManager 对象，并将其初始化到应用程序中。SECRET_KEY 是用于加密用户会话的密钥，它必须设置为一个不可预测的字符串。

4）实现用户认证

在视图函数中，可以使用 Flask – Login 提供的 login_user 函数来进行用户认证。

```
from flask import render_template,redirect,url_for,request
from flask_login import login_user,current_user
```

```
@ app. route('/login',methods =['GET','POST'])
def login():
    if request. method == 'POST':
        #验证登录表单

        user = User. query. filter_by(username = request. form['username']). first()
        if user and user. password == request. form['password']:
            login_user(user)
            return redirect(url_for('index'))
        else:
            return redirect(url_for('login'))
    else:
        return render_template('login. html')
```

在上面的示例中，通过查询数据库来验证用户的用户名和密码，并使用 login_user 函数将用户登录信息保存到会话中。

5）实现用户授权

在视图函数中，可以使用 Flask – Login 提供的@ login_required 装饰器来进行用户授权。

```
from flask_login import login_required

@ app. route('/profile')
@ login_required
def profile():
    return render_template('profile. html')
```

在上面的示例中，使用@ login_required 装饰器来限制只有登录的用户才能访问/profile 页面。

通过 Flask – Login 扩展，开发者可以方便地实现用户认证和授权功能。通过定义用户模型类，初始化 LoginManager 对象，以及使用 login_user 函数和@ login_required 装饰器，可以实现用户的登录、注销和授权管理。Flask – Login 还提供了其他的功能，如"记住我"功能、用户会话管理、用户身份验证等，方便开发者进行用户管理和认证授权的相关操作。

任务实施

使用 Flask 框架搭建一个简单的待办事项（Todo List）应用，实现用户可以添加、删除和查看待办事项的功能。

需要完成以下步骤：

– 安装 Flask。

– 设置 Flask 应用。

– 定义待办事项模型。

– 创建路由和视图函数处理添加、删除和查看待办事项的请求。

– 设计前端 HTML 模板。

使用 FLASK 框架搭建一个简单的待办事项（TODO LIST）应用

- 运行 Flask 应用。

（1）确保已安装了 Flask。

```
pip install flask
```

（2）创建 Flask 应用。

```python
#app.py
from flask import Flask,request,render_template,redirect,url_for

app = Flask(__name__)

#用一个简单的待办事项列表来存储条目
#在实际应用中,这应当被替换为数据库的调用
todos = []

@ app.route('/')
def index():
    return render_template('index3.html',todos = todos)

@ app.route('/add',methods = ['POST'])
def add_todo():
    title = request.form.get('title')
    if title:
        todos.append(title)
    return redirect(url_for('index'))

@ app.route('/delete/<int:index>')
def delete_todo(index):
    if index < len(todos):
        todos.pop(index)
    return redirect(url_for('index'))

if __name__ == '__main__':
    app.run(debug = True)
```

（3）创建一个 HTML 模板文件 index3.html。

```html
<!-- templates/index.html -->
<! DOCTYPE html >
<html lang = "en" >
<head >
    <meta charset = "UTF-8" >
    <title >Todo List</title >
</head >
```

```
< body >
    < h1 > Todo List < /h1 >
    < form action = "/add" method = "post" >
        < input type = "text" name = "title"/ >
        < input type = "submit" value = "Add"/ >
    < /form >
    < ul >
        {% for todo in todos % }
            < li > {{ loop. index }} - {{ todo }}
                < a href = "{{ url_for( 'delete_todo',index = loop. index0 )}}" > De-
lete < /a >
            < /li >
        {% endfor % }
    < /ul >
< /body >
< /html >
```

（4）运行这个 Flask 应用。

运行这个 Flask 应用，浏览器访问 http：//127. 0. 0. 1：5000/时，能够看到 Todo List 应用。此时可以使用表单添加新的待办事项，并通过单击事项旁边的删除链接来删除它。

IDE 显示的信息：

```
 * Serving Flask app 'try'
 * Debug mode: on
WARNING: This is a development server. Do not use it in a production deployment. Use a production WSGI server
 * Running on http://127.0.0.1:5000
Press CTRL+C to quit
 * Restarting with stat
 * Debugger is active!
 * Debugger PIN: 107-110-960
```

通过浏览器访问应用程序的 URL（如 http：//127. 0. 0. 1：5000/），即可看到包含表单的页面。初次运行时还没有待办事项，如图 7 - 9 所示。

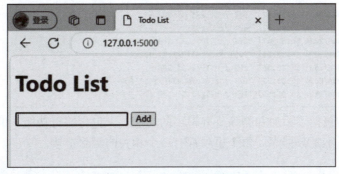

图 7 - 9　包含表单的页面

在表单中输入要添加的代办事项内容，然后单击"Add"按钮，如图 7 - 10 所示。

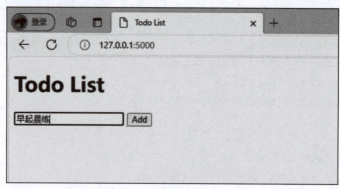

图 7 – 10　单击"Add"按钮

添加代办事项后的页面如图 7 – 11 所示。

图 7 – 11　添加代办事项后的页面

在页面中单击事项后面的"Delete"按钮，即可删除事项。

完成以上操作时，IDE 显示的信息：

```
 * Serving Flask app 'try'
 * Debug mode: on
WARNING: This is a development server. Do not use it in a production deployment. Use a production WSGI server
 * Running on http://127.0.0.1:5000
Press CTRL+C to quit
 * Restarting with stat
 * Debugger is active!
 * Debugger PIN: 107-110-960
127.0.0.1 - - [19/Jan/2024 14:58:32] "GET / HTTP/1.1" 200 -
127.0.0.1 - - [19/Jan/2024 14:58:41] "GET /favicon.ico HTTP/1.1" 404 -
127.0.0.1 - - [19/Jan/2024 14:58:47] "GET / HTTP/1.1" 200 -
127.0.0.1 - - [19/Jan/2024 15:02:56] "POST /add HTTP/1.1" 302 -
127.0.0.1 - - [19/Jan/2024 15:02:56] "GET / HTTP/1.1" 200 -
127.0.0.1 - - [19/Jan/2024 15:05:52] "GET /delete/0 HTTP/1.1" 302 -
127.0.0.1 - - [19/Jan/2024 15:05:52] "GET / HTTP/1.1" 200 -
```

这个基本示例包括了添加和删除待办事项的功能，未包含编辑功能。事项被存储在一个简单的列表中，而不是数据库。每个事项都有一个相关的删除链接。

任务评价

1. 功能实现的完整性：检查是否实现了所有要求的功能，并确保它们正常工作。
2. 代码质量：评估代码的可读性、可维护性和可扩展性。检查是否遵循良好的编码规范，是否有适当的注释和文档，以及是否使用了合适的设计模式和代码组织结构。

3. 用户体验：检查网站的界面设计是否友好，用户能否轻松地完成各种操作，以及是否提供了适当的反馈和提示。

4. 性能：评估网站的性能表现，包括页面加载速度、响应时间和并发处理能力。

5. 错误处理和日志记录：检查应用程序的错误处理机制是否健全，用户是否能够获得有用的错误提示。

任务评价表

任务名称	Flask 框架构建 Web 应用程序					
评价项目	评价标准		分值标准	自评	互评	教师评价
任务完成情况	功能实现的完整性		12 分			
	代码质量		12 分			
	用户体验	共 60 分	12 分			
	性能		12 分			
	错误处理		12 分			
工作态度	态度端正，工作认真		10 分			
工作完整	能按时完成全部任务		10 分			
协调能力	与小组成员之间能够合作交流、协调工作		10 分			
职业素质	能够做到安全生产，爱护公共设施		10 分			
合计			100 分			
综合评分（自评占 30%、小组互评占 20%、教师评价占 50%）						

拓展任务

1. 简要说明 Flask 框架的特点和优势。
2. 在 Flask 框架中，如何定义一个路由和对应的视图函数？
3. 如何在 Flask 框架中处理用户提交的表单数据？
4. 列举 Flask 框架中常用的模板引擎，并简要说明它们的特点。
5. 在 Flask 框架中如何实现用户认证功能？

拓展任务参考答案

任务 3　从 Web 抓取信息

任务目标

－能够理解 Web 抓取的基本概念和技术。

－能够使用 Python 编写程序来从 Web 页面中提取所需的信息。

－了解如何使用 Python 的库和工具来发送 HTTP 请求、解析 HTML 或 JSON 数据，并提取所需的信息。

任务要求

－理解 Web 抓取的基本原理和流程。

－掌握使用 Python 发送 HTTP 请求的方法和技巧。

－学会使用 Python 库和工具解析 HTML 或 JSON 数据。

－掌握从 Web 页面中提取信息的方法和技巧。

相关知识

1. HTTP 协议

HTTP（Hypertext Transfer Protocol）是一种用于传输超文本的应用层协议。它是在 Web 开发中使用最为广泛的协议之一，用于客户端和服务器之间的通信。HTTP 协议的基本原理和常用的请求方法如下。

1）基本原理

－HTTP 使用客户端－服务器模型：客户端发送请求给服务器，服务器处理请求并返回响应给客户端。

－HTTP 是无状态的：服务器不会保留客户端的状态信息，每次请求都是独立的，服务器不会记住之前的请求。

－HTTP 使用 TCP 作为传输协议：客户端和服务器之间通过 TCP 连接进行通信。

－HTTP 使用 URL 标识资源：客户端通过 URL 指定要请求的资源。

2）常用的请求方法

－GET：用于请求获取指定资源的数据。GET 请求是幂等的，即多次相同的 GET 请求返回的结果是相同的，不会对服务器产生影响。

－POST：用于向服务器提交数据，常用于提交表单数据或上传文件。POST 请求是非幂等的，即多次相同的 POST 请求返回的结果可能不同。

－PUT：用于向服务器更新指定资源的数据。

－DELETE：用于删除服务器上的指定资源。

－HEAD：与 GET 请求类似，但只返回响应头部信息，不返回响应体。

－OPTIONS：用于获取服务器支持的请求方法和其他可用选项。

2. Python 的 requests 库

要使用 Python 中的 requests 库发送 HTTP 请求，需要先安装该库（如果尚未安装）。可以使用以下命令在命令行中安装 requests 库。

```
pip install requests
```

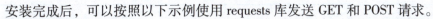

安装完成后，可以按照以下示例使用 requests 库发送 GET 和 POST 请求。

1）发送 GET 请求

```
import requests

url = 'http://example.com'   #指定要请求的 URL,请将 example.com 替换为要测试的网址
response = requests.get(url)   #发送 GET 请求
response.encoding = 'utf-8'   #确保响应内容是 UTF-8 编码
print(response.status_code)   #打印响应状态码
print(response.text)   #打印响应内容
```

运行结果（部分）：

```
200
<!doctype html>
<html>
<head>
    <title>Example Domain</title>

    <meta charset="utf-8" />
    <meta http-equiv="Content-type" content="text/html; charset=utf-8" />
    <meta name="viewport" content="width=device-width, initial-scale=1" />
    <style type="text/css">
```

2）发送带参数的 GET 请求

```
import requests

url = 'http://example.com'   #指定要请求的 URL,请将 example.com 替换为要测试的网址
params = {'param1':'value1','param2':'value2'}   #设置请求参数
response = requests.get(url,params = params)   #发送 GET 请求,并将参数传递给 URL
response.encoding = 'utf-8'   #确保响应内容是 UTF-8 编码
print(response.status_code)   #打印响应状态码
print(response.text)   #打印响应内容
```

运行结果（部分）：

```
200
<!DOCTYPE html>
<!--STATUS OK--><html> <head><meta http-equiv=content-type content=text/html;charset=utf-8><meta
http-equiv=X-UA-Compatible content=IE=Edge><meta content=always name=referrer><link rel=stylesheet
type=text/css href=http://s1.bdstatic.com/r/www/cache/bdorz/baidu.min.css><title>百度一下，你就知道
</title></head> <body link=#0000cc> <div id=wrapper> <div id=head> <div class=head_wrapper> <div
class=s_form> <div class=s_form_wrapper> <div id=lg> <img hidefocus=true src=//www.baidu
.com/img/bd_logo1.png width=270 height=129> </div> <form id=form name=f action=//www.baidu.com/s
```

3）发送 POST 请求

```
import requests

url = 'http://example.com'    #指定要请求的 URL,请将 example.com 替换为要测试的网址
data = {'key1':'value1','key2':'value2'}    #设置请求数据
response = requests.post(url,data = data)    #发送 POST 请求,并将数据作为请求体发送
response.encoding = 'utf - 8'    #确保响应内容是 UTF - 8 编码
print(response.status_code)    #打印响应状态码
print(response.text)    #打印响应内容
```

运行结果（部分）：

```
302
<html>
<head>
<meta http-equiv="content-type" content="text/html;charset=utf-8">
<style data-for="result" id="css_result">
body{color:#333;background:#fff;padding:6px 0 0;margin:0;position:relative;min-width:900px}body,th,td,
 .p1,.p2{font-family:arial}p,form,ol,ul,li,dl,dt,dd,h3{margin:0;padding:0;
 list-style:none}input{padding-top:0;padding-bottom:0;-moz-box-sizing:border-box;
```

3. 解析 HTML 数据

要使用 Python 的 BeautifulSoup 库解析 HTML 数据并提取所需的信息，需要先安装该库（如果尚未安装）。可以使用以下命令在命令行中安装 BeautifulSoup 库。

```
pip install beautifulsoup4
```

安装完成后，可以按照以下示例使用 BeautifulSoup 库解析 HTML 数据。

```
from bs4 import BeautifulSoup
import requests

#发送 HTTP 请求获取 HTML 数据
url = 'http://example.com'    #指定要请求的 URL,运行结果以百度为例
response = requests.get(url)    #发送 GET 请求
response.encoding = 'utf - 8'    #确保响应内容是 UTF - 8 编码
html_data = response.text    #获取响应的 HTML 数据

#创建 BeautifulSoup 对象并解析 HTML 数据
soup = BeautifulSoup(html_data,'html.parser')

#提取所需的信息
title = soup.title.text    #提取页面的标题
links = soup.find_all('a')    #查找所有 <a> 标签
for link in links:
```

```
        href = link.get('href')   #获取链接的 URL
        text = link.text   #获取链接的文本内容
        print(href,text)


#其他操作
#可以使用各种方法和选择器来定位和提取 HTML 元素,如 find()、find_all()、select()等。
#可以使用 get()方法获取元素的属性值,使用 text 属性获取元素的文本内容。
```

运行结果：

```
http://news.baidu.com 新闻
http://www.hao123.com hao123
http://map.baidu.com 地图
http://v.baidu.com 视频
http://tieba.baidu.com 贴吧
http://www.baidu.com/bdorz/login.gif?login&tpl=mn&u=http%3A%2F%2Fwww.baidu.com%2f%3fbdorz_come%3d1 登录
//www.baidu.com/more/ 更多产品
http://home.baidu.com 关于百度
http://ir.baidu.com About Baidu
```

在上面的示例中，使用 requests 库发送 HTTP 请求获取 HTML 数据，并使用 Beautiful-Soup 库创建一个 BeautifulSoup 对象来解析 HTML 数据。然后可以使用各种方法和选择器来定位和提取所需的信息。

这只是 BeautifulSoup 库的一个简单示例，更复杂的 HTML 结构可能需要使用更多的选择器和方法来提取所需的信息。

4. 解析 JSON 数据

要使用 Python 的 json 库解析 JSON 数据并提取所需的信息，不需要额外安装任何库，因为 json 库是 Python 的标准库之一。以下是一个示例。

```
import json

#假设有一个包含 JSON 数据的字符串
json_data = '''
{
  "name":"John",
  "age":30,
  "city":"New York",
  "pets":[
    {
      "name":"Max",
      "species":"dog"
    },
    {
      "name":"Lucy",
```

```
        "species":"cat"
      }
    ]
}
'''


#使用 json 库解析 JSON 数据
data = json.loads(json_data)

#提取所需的信息
name = data['name']   #提取 name 字段的值
age = data['age']   #提取 age 字段的值
city = data['city']   #提取 city 字段的值

pets = data['pets']   #提取 pets 字段的值,这是一个列表
for pet in pets:
    pet_name = pet['name']   #提取 pet 对象中 name 字段的值
    pet_species = pet['species']   #提取 pet 对象中 species 字段的值
    print(pet_name,pet_species)

#其他操作
#json 库还提供了将 Python 对象转换为 JSON 数据的功能,可以使用 json.dumps()方法。
#可以通过访问和操作 Python 对象的键和值来提取和修改 JSON 数据。
```

运行结果：

```
Max dog
Lucy cat
```

在上面的示例中，使用 json.loads() 方法将 JSON 字符串解析为 Python 对象，然后可以使用 Python 对象的键和值来提取所需的信息。

如果已经有 JSON 文件，可以使用 json 库的 json.load() 方法从文件中读取 JSON 数据。同样，可以使用 json.dump() 方法将 Python 对象转换为 JSON 字符串，并将其写入文件。

5. XPath 和 CSS 选择器

XPath 和 CSS 选择器是用于在 HTML 文档中定位元素的两种常用选择器。它们提供了一种简洁而强大的方式来选择和提取所需的元素。

1）XPath 选择器

–使用路径表达式来定位元素。路径表达式可以是绝对路径或相对路径。

–使用斜杠（/）表示从根节点开始的绝对路径，使用双斜杠（//）表示相对路径。

–使用节点名称来选择元素。例如，使用//div 选择所有的 div 元素。

–使用方括号（[]）来添加条件和筛选元素。例如，使用//div[@class = "my－class"]选择具有 class 属性值为 my－class 的 div 元素。

–使用双斜杠（∥）可以选择任意位置的元素。例如，使用∥a∥span 选择所有位于 a 元素内部的 span 元素。

2）CSS 选择器

–使用选择器名称来定位元素。选择器名称可以是元素名称、类名、ID 等。

–使用点（.）表示类选择器。例如，使用 .my – class 选择具有 class 属性值为 my – class 的元素。

–使用井号（#）表示 ID 选择器。例如，使用#my – id 选择具有 id 属性值为 my – id 的元素。

–使用空格表示后代选择器。例如，使用 div span 选择所有位于 div 元素内部的 span 元素。

–使用方括号（[ ]）来添加条件和筛选元素。例如，使用 div[class = " my – class"] 选择具有 class 属性值为 my – class 的 div 元素。

以下是一个示例，演示如何在 HTML 文档中使用 XPath 和 CSS 选择器定位元素。

```python
from bs4 import BeautifulSoup

html_doc = """
<html>
<head>
    <title>Example Page</title>
</head>
<body>
    <div id = "container">
        <div class = "wrapper">
            <h1>Welcome to the Example Page</h1>
            <ul class = "items">
                <li class = "item">Item 1</li>
                <li class = "item">Item 2</li>
                <li class = "item">Item 3</li>
            </ul>
        </div>
    </div>
</body>
</html>
"""

#解析 HTML
soup = BeautifulSoup(html_doc,'html.parser')

#使用 CSS 选择器代替 XPath
elements_css = soup.select('div h1')   #选择所有位于 div 元素内部的 h1 元素
for element in elements_css:
    print(element.text)
```

```
#使用 CSS 选择器定位元素
elements_css = soup.select('div.container p')  #选择所有位于 class 为 container 的
div 元素内部的 p 元素
for element in elements_css:
    print(element.text)
```

在上面的示例中，首先使用 BeautifulSoup 库解析了 HTML 数据。然后使用 XPath 选择器 //div/h1 选择了所有位于 div 元素内部的 h1 元素，并使用 CSS 选择器 div.container p 选择了所有位于 class 为 container 的 div 元素内部的 p 元素。

XPath 和 CSS 选择器的语法和用法可能会有所不同，具体取决于解析库的实现。上述示例是基于 BeautifulSoup 库的解析器进行的。

任务实施

使用不同库获取
新闻网页内容、
解析 HTML，并
显示新闻标题

编写一个 Python 程序，使用 requests 库发送 HTTP 请求来获取指定网页的 HTML 内容，然后使用 BeautifulSoup 库解析 HTML 数据，并提取新闻标题的文本信息。

实施步骤：

1. 导入所需的库：导入 requests 库和 BeautifulSoup 库。

2. 发送 HTTP 请求：使用 requests 库发送 HTTP 请求，获取网页的 HTML 内容。

3. 解析 HTML 数据：使用 BeautifulSoup 库解析 HTML 数据。

4. 提取新闻标题：使用 BeautifulSoup 库的选择器功能，通过选择器定位到新闻标题的元素，并提取其文本信息。

5. 输出新闻标题：将提取的新闻标题输出到屏幕上。

实现代码：

```
import requests
from bs4 import BeautifulSoup

#替换下面的 URL 为想抓取的新闻网站页面
url = 'http://excample.com'

#发送 HTTP 请求
response = requests.get(url)

#确保响应内容是 UTF-8 编码
response.encoding = 'utf-8'

#检查请求是否成功
if response.status_code == 200:
    #将网页内容转换成 BeautifulSoup 对象,这样就可以使用 BeautifulSoup 来解析 HTML 了
```

```
    soup = BeautifulSoup(response.text,'html.parser')

    #假设新闻标题被包裹在 < title > 标签中,需要根据具体情况进行调整
    #如果确切知道类名或 ID,可以直接使用它们来定位
    #例如,如果标题在 class = "news - title" 的 < h2 > 中,可以使用 'h2.news - title'
    news_titles = soup.find_all('title')

    #遍历所有标题并打印它们的文本内容
    for title in news_titles:
        print(title.get_text())
else:
    print(f'Failed to retrieve content:{response.status_code}')
```

运行结果（显示抓取到的新闻标题，以百度为例）：

百度一下，你就知道

在上面的实现代码中，首先使用 requests 库发送 HTTP 请求并获取网页内容，然后使用 BeautifulSoup 库解析 HTML 内容，接下来使用 CSS 选择器 .news - title 选择新闻标题元素，并使用循环打印每个标题的文本内容。

注意，使用上面的代码时，需要将 https://example.com 替换为要提取标题的网页的 URL，并将 news - title 替换为要提取的标题元素的 CSS 选择器。

任务评价

通过修改指定网页的 URL，检查程序是否能够正确抓取新闻标题并输出。

任务评价表

任务名称	从 Web 抓取信息				
评价项目	评价标准	分值标准	自评	互评	教师评价
任务完成情况	修改指定网页的 URL	20 分			
	能够正确抓取新闻标题并输出	共60分　20 分			
	如果请求被服务器拒绝，程序能够反馈 403 等 HTTP 状态码	20 分			
工作态度	态度端正，工作认真	10 分			
工作完整	能按时完成全部任务	10 分			
协调能力	与小组成员之间能够合作交流、协调工作	10 分			

续表

任务名称		从 Web 抓取信息			
评价项目	评价标准	分值标准	自评	互评	教师评价
职业素质	能够做到安全生产，爱护公共设施	10 分			
合计		100 分			
综合评分 （自评占 30%、小组互评占 20%、教师评价占 50%）					

拓展任务

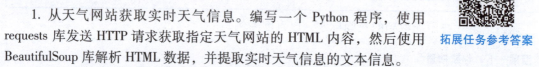

拓展任务参考答案

1. 从天气网站获取实时天气信息。编写一个 Python 程序，使用 requests 库发送 HTTP 请求获取指定天气网站的 HTML 内容，然后使用 BeautifulSoup 库解析 HTML 数据，并提取实时天气信息的文本信息。

2. 从电影网站获取正在热映的电影信息。编写一个 Python 程序，使用 requests 库发送 HTTP 请求获取指定电影网站的 HTML 内容，然后使用 BeautifulSoup 库解析 HTML 数据，并提取正在热映的电影信息的文本信息。

3. 从商品网站获取热销商品的价格和评价信息。编写一个 Python 程序，使用 requests 库发送 HTTP 请求获取指定商品网站的 HTML 内容，然后使用 BeautifulSoup 库解析 HTML 数据，并提取热销商品的价格和评价信息的文本信息。

4. 从社交媒体网站获取用户的粉丝数和帖子数量。编写一个 Python 程序，使用 requests 库发送 HTTP 请求来获取指定社交媒体网站的 HTML 内容，然后使用 BeautifulSoup 库解析 HTML 数据，并提取用户的粉丝数和帖子数量信息。

项目 8

深度学习与人工智能

项目介绍

本项目旨在帮助学习者掌握使用 Python 进行深度学习和人工智能任务的基本技巧和工具。通过完成这个项目，学习者可以学会使用 Python 构建和训练深度神经网络模型，解决人工智能相关的问题。

学习要求

1. 数学基础知识

– 理解线性代数和微积分的基本概念。

– 掌握概率论和统计学的基本知识。

2. 机器学习基础知识

– 了解机器学习的基本概念和常用算法。

– 掌握数据预处理和模型评估方法。

对应的 1 + X 考点

1. 深度学习模型构建与训练

–使用 Python 的深度学习库（如 TensorFlow、PyTorch）构建和训练深度神经网络模型。

–掌握常见的深度学习模型架构，如卷积神经网络（CNN）、循环神经网络（RNN）等。

–实现图像分类、目标检测、语音识别等任务。

2. 自然语言处理（NLP）与文本生成

–学习使用 Python 处理和分析文本数据。

–掌握基本的自然语言处理技术，如文本分类、情感分析、命名实体识别等。

–实现文本生成任务，如文本摘要、机器翻译、聊天机器人等。

任务1　使用 TensorFlow 构建和训练学习模型

任务目标

–理解机器学习和深度学习的基本概念。

–学习使用 TensorFlow 构建和训练神经网络模型。

–掌握 TensorFlow 的基本操作和工作流程。

–理解模型训练和评估的基本步骤。

–实践一个简单的 TensorFlow 任务，加深对所学知识的理解和应用。

任务要求

–学习机器学习和深度学习的基本概念，了解神经网络的基本原理和常见的模型类型。

–安装 TensorFlow，并了解其基本的使用方法和工作流程。

–学习如何构建神经网络模型，包括定义模型架构和选择合适的层类型。

–学习如何准备和处理数据集，包括数据预处理、划分训练集和测试集等。

–学习如何训练和评估模型，包括选择合适的优化算法和损失函数，以及评估模型性能。

–实践一个任务案例，例如使用 TensorFlow 构建一个手写数字识别模型。

–完成任务后，对模型性能、代码质量和训练效果等方面进行评价，以提升自己的学习和应用能力。

相关知识

1. 机器学习和深度学习

机器学习和深度学习是人工智能领域的两个重要分支，机器学习通过学习数据中的模式和规律来进行预测和分类，而深度学习则通过构建多层神经网络来自动学习特征和模式，并具备更强大的学习能力和表达能力。

1）机器学习（Machine Learning）

机器学习是一种通过从数据中学习模式和规律来使计算机系统具备自主学习和改进能力的方法。

机器学习算法通过从给定的训练数据中学习特征和规律，从而构建一个模型，然后使用该模型对新的数据进行预测或分类。机器学习算法可以分为监督学习、无监督学习和半监督学习等不同类型。

2）深度学习（Deep Learning）

深度学习是一种模拟人脑神经网络结构和功能的机器学习方法，可以通过多层神经网络进行特征提取和模式识别。

深度学习算法构建多层神经网络，通过反向传播算法来训练神经网络的权重和偏置，从而实现特征的自动提取和模式的学习。深度学习算法可以在大规模数据集上进行训练，并能够处理复杂的非线性关系和大量的特征。

3）机器学习与深度学习的区别

主要区别在于模型的复杂度和特征的提取方式。

机器学习算法主要依赖手动提取特征，并使用线性模型或非线性模型进行预测和分类。

深度学习算法则通过多层神经网络自动学习特征，并使用深度神经网络进行预测和分类。深度学习算法由于其强大的学习能力和表达能力，已经在图像识别、语音识别、自然语言处理等领域取得了很大的突破。

2. TensorFlow 的基本架构和工作流程

TensorFlow 是一个开源的机器学习框架，它具有灵活的架构和丰富的工具集，用于构建和训练各种机器学习模型。TensorFlow2.0 的架构图如图 8-1 所示。

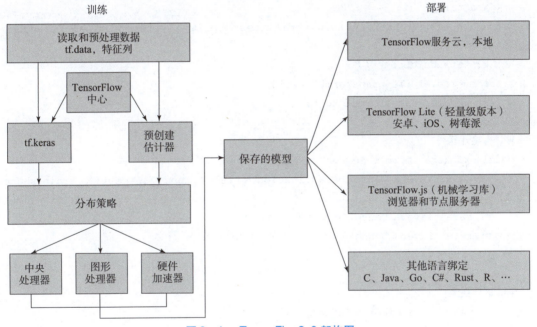

图 8-1　TensorFlow2.0 架构图

TensorFlow 的工作流程如下。

● 构建计算图：首先需要定义计算图的结构。在 TensorFlow 中，可以使用高级 API（如 Keras）或低级 API（如 TensorFlow 的操作和变量）来构建计算图。可以定义输入、操作和输出，并将它们连接起来形成图结构。

● 执行计算图：一旦计算图被定义好，就可以通过创建一个会话（Session）来执行计算图。会话封装了 TensorFlow 的运行时环境，可以在计算图上进行实际的计算和训练。

● 训练模型：在会话中，可以通过提供输入数据并执行优化算法来训练模型。优化算法（如梯度下降）将自动计算损失函数的梯度，并更新模型的参数，以使损失函数最小化。

● 评估模型：一旦模型被训练好，可以使用测试数据对其进行评估。通过提供测试数据，可以执行前向传播并计算模型的输出。然后，可以与真实标签进行比较，评估模型的性能和准确度。

● 使用模型进行推理：一旦模型被训练好，并通过评估得到了满意的性能，就可以使用训练好的模型进行实际的推理。通过提供输入数据，可以执行前向传播并获得模型的预测结果。

示例：使用 TensorFlow 进行模型训练和评估。

```python
import tensorflow as tf
from sklearn.datasets import load_iris
from sklearn.model_selection import train_test_split
from sklearn.preprocessing import StandardScaler

#1. 准备数据
data = load_iris()
X = data.data
y = data.target
X_train,X_test,y_train,y_test = train_test_split(X,y,test_size = 0.2,random_state = 42)
scaler = StandardScaler()
X_train = scaler.fit_transform(X_train)
X_test = scaler.transform(X_test)

#2. 构建计算图
model = tf.keras.models.Sequential([
    tf.keras.layers.Dense(64,activation = 'relu',input_shape = (X_train.shape[1],)),
    tf.keras.layers.Dense(64,activation = 'relu'),
    tf.keras.layers.Dense(3,activation = 'softmax')
])

#3. 编译模型
model.compile(optimizer = 'adam',
        loss = 'sparse_categorical_crossentropy',
        metrics = ['accuracy'])

#4. 训练模型
model.fit(X_train,y_train,epochs = 10,batch_size = 32,verbose = 1)

#5. 评估模型
loss,accuracy = model.evaluate(X_test,y_test,verbose = 0)
print("Test Loss:",loss)
print("Test Accuracy:",accuracy)
```

运行结果：

```
    Epoch 1/10
    4/4[==========================] - 2s 7ms/step - loss:1.0332 -
accuracy:0.4667
    Epoch 2/10
    4/4[==========================] - 0s 4ms/step - loss:0.9329 -
accuracy:0.6083
    Epoch 3/10
    4/4[==========================] - 0s 4ms/step - loss:0.8394 -
accuracy:0.7417
    Epoch 4/10
    4/4[==========================] - 0s 5ms/step - loss:0.7634 -
accuracy:0.7917
    Epoch 5/10
    4/4[==========================] - 0s 5ms/step - loss:0.6912 -
accuracy:0.8000
    Epoch 6/10
    4/4[==========================] - 0s 5ms/step - loss:0.6317 -
accuracy:0.8083
    Epoch 7/10
    4/4[==========================] - 0s 5ms/step - loss:0.5815 -
accuracy:0.8167
    Epoch 8/10
    4/4[==========================] - 0s 4ms/step - loss:0.5391 -
accuracy:0.8167
    Epoch 9/10
    4/4[==========================] - 0s 4ms/step - loss:0.5027 -
accuracy:0.8250
    Epoch 10/10
    4/4[==========================] - 0s 4ms/step - loss:0.4700 -
accuracy:0.8250
    Test Loss:0.3985392153263092        #测试损耗
    Test Accuracy:0.8999999761581421     #测试精度
```

在以上代码中，首先导入所需的库并加载数据集。然后对数据集进行处理，包括将特征进行标准化处理和划分为训练集与测试集。接下来使用 Sequential( ) 方法构建一个顺序模型，并通过 Dense( ) 方法添加神经网络层。

在本例中，使用了两个隐藏层和一个输出层。对于隐藏层，选择 ReLU 作为激活函数；对于输出层，选择 Softmax 作为激活函数。然后使用 compile( ) 方法编译模型，指定优化器、损失函数和评估指标。最后使用 fit( ) 方法对模型进行训练，并使用 evaluate( ) 方法评估模型在测试集上的性能。

3. 神经网络模型的构建和训练方法

构建和训练神经网络模型通常包括以下几个步骤。

1）数据准备

－收集和准备数据集：收集和整理用于训练和评估神经网络模型的数据集，确保数据集包含足够的样本和对应的标签。

－数据预处理：对数据进行预处理，包括数据清洗、标准化、归一化、特征提取等操作，以便提高模型的训练效果。

－数据划分：将数据集划分为训练集、验证集和测试集。训练集用于训练模型，验证集用于调整模型的超参数和监控模型的性能，测试集用于最终评估模型的性能。

2）模型构建

－选择网络结构：选择适合任务的神经网络结构，如卷积神经网络（CNN）用于图像处理，循环神经网络（RNN）用于序列数据处理等。

－定义网络架构：根据选择的网络结构，定义模型的层和节点，包括输入层、隐藏层和输出层。可以使用现有的深度学习框架（如 TensorFlow、PyTorch）提供的 API 来定义模型。

3）模型训练

－初始化模型参数：对模型的参数进行随机初始化，以便开始训练过程。

－前向传播：将训练数据输入模型，通过前向传播计算得到模型的输出。

－计算损失函数：根据模型的输出和训练数据的标签，计算损失函数来衡量模型输出与真实标签之间的差异。

－反向传播：通过反向传播算法计算损失函数对模型参数的梯度，并使用梯度下降等优化算法来更新模型的参数，以最小化损失函数。

－重复训练：重复进行前向传播、计算损失函数和反向传播的步骤，通过不断调整模型参数来提高模型的性能，直到达到预设的训练轮数或收敛条件。

4）模型评估和调优

－评估模型性能：使用验证集评估训练好的模型在新数据上的性能，可以计算准确率、精确率、召回率等指标。

－超参数调优：根据模型在验证集上的性能，调整模型的超参数，如学习率、正则化系数等，以提升模型的泛化能力。

－模型集成：尝试使用集成学习方法，如随机森林、梯度提升树等，将多个模型集成在一起来提升整体性能。

5）模型应用

－使用训练好的模型进行预测：将新的输入数据输入训练好的模型中，通过前向传播获得模型的预测结果。

－模型部署：将训练好的模型部署到生产环境中，使其能够处理实时数据，并根据需要更新和改进模型。

示例：使用 TensorFlow 库在 Python 中构建和训练神经网络模型。

```
#首先,需要导入所需的库。
import tensorflow as tf
```

```
from tensorflow import keras

#接下来,定义神经网络模型。使用 Sequential 模型来构建一个简单的全连接神经网络。
model = keras.Sequential([
    keras.layers.Dense(64,activation = 'relu',input_shape = (10,)),
    keras.layers.Dense(1,activation = 'sigmoid')
])

#然后,编译模型并设置优化器、损失函数和评估指标。
model.compile(optimizer = 'sgd',loss = 'binary_crossentropy',metrics = ['accura-
cy'])

#接下来,准备训练数据和标签。这里只是一个简单的示例,使用随机生成的数据和标签。
import numpy as np

data = np.random.random((100,10))
labels = np.random.randint(2,size = (100,1))

#最后,使用准备好的数据来训练模型。
model.fit(data,labels,epochs = 10,batch_size = 32)

#在训练过程中,模型将根据给定的数据和标签进行迭代优化。训练完成后,可以使用模型进行预测或
评估。
predictions = model.predict(data)
```

运行结果:

```
Epoch 1/10
4/4[ ============================ ] - 1s 5ms/step - loss:0.7002 -
accuracy:0.5000
Epoch 2/10
4/4[ ============================ ] - 0s 3ms/step - loss:0.6993 -
accuracy:0.5000
Epoch 3/10
4/4[ ============================ ] - 0s 3ms/step - loss:0.6984 -
accuracy:0.4900
Epoch 4/10
4/4[ ============================ ] - 0s 3ms/step - loss:0.6964 -
accuracy:0.4900
Epoch 5/10
4/4[ ============================ ] - 0s 3ms/step - loss:0.6959 -
accuracy:0.5000
Epoch 6/10
```

```
    4/4[ ============================== ] − 0s 3ms/step − loss:0.6953 −
accuracy:0.5000
    Epoch 7/10
    4/4[ ============================== ] − 0s 3ms/step − loss:0.6945 −
accuracy:0.5200
    Epoch 8/10
    4/4[ ============================== ] − 0s 3ms/step − loss:0.6943 −
accuracy:0.5200
    Epoch 9/10
    4/4[ ============================== ] − 0s 3ms/step − loss:0.6939 −
accuracy:0.5200
    Epoch 10/10
    4/4[ ============================== ] − 0s 3ms/step − loss:0.6940 −
accuracy:0.5100
    4/4[ ============================ ] −0s 2ms/step
```

这是一个简单的神经网络模型构建和训练的示例，可以根据实际需求进行更复杂的模型构建和训练。

4. 数据集的准备和处理方法

示例：数据集的准备和处理。

```python
import pandas as pd
from sklearn. model_selection import train_test_split
from sklearn. preprocessing import StandardScaler

#1. 数据加载
data =pd. read_csv('data5. csv')

#2. 数据预处理
#处理缺失值
data =data. dropna()

#处理分类变量
data =pd. get_dummies(data,columns =['category'])

#分离特征和标签
X =data. drop('label',axis =1)
y =data['label']

#3. 数据划分
X_train,X_test,y_train,y_test = train_test_split(X,y,test_size = 0.15,random_
state =42)
```

```
#4. 特征标准化
scaler = StandardScaler()
X_train = scaler. fit_transform(X_train)
X_test = scaler. transform(X_test)
```

在以上代码中，首先使用 pd. read_csv() 方法加载数据集。然后对数据进行预处理，包括处理缺失值和处理分类变量。对于缺失值，使用 dropna() 方法将包含缺失值的行删除。对于分类变量，使用 pd. get_dummies() 方法将其转换为哑变量编码。接下来将数据集分为特征和标签，并使用 train_test_split() 方法将其划分为训练集和测试集。最后使用 Standard-Scaler() 方法对特征进行标准化处理，使其具有零均值和单位方差。

请注意，以上代码仅为示例，实际应用中可能需要根据具体情况进行调整和优化。另外，具体的数据预处理方法可能因数据类型、缺失值情况和特征工程需求而有所不同。因此，在实际应用中，需要根据具体情况选择合适的方法和技巧。

5. 模型训练和评估的基本步骤和技巧

示例：模型训练和评估。

```
import pandas as pd
from sklearn. model_selection import train_test_split
from sklearn. preprocessing import StandardScaler
from sklearn. linear_model import LogisticRegression
from sklearn. metrics import accuracy_score,precision_score,recall_score,f1_score

#1. 数据准备
data = pd. read_csv('iris. csv')
X = data. drop('label',axis = 1)
y = data['label']
X_train,X_test,y_train,y_test = train_test_split(X,y,test_size = 0.15,random_
state = 42)

#2. 特征工程
scaler = StandardScaler()
X_train = scaler. fit_transform(X_train)
X_test = scaler. transform(X_test)

#3. 模型选择和建立
model = LogisticRegression()

#4. 模型训练
model. fit(X_train,y_train)

#5. 模型验证和调优
```

```
y_pred = model.predict(X_test)
accuracy = accuracy_score(y_test,y_pred)
precision = precision_score(y_test,y_pred,average = 'macro')
recall = recall_score(y_test,y_pred,average = 'macro')
f1 = f1_score(y_test,y_pred,average = 'macro')
print("Accuracy:",accuracy)
print("Precision:",precision)
print("Recall:",recall)
print("F1 - score:",f1)

#6. 模型评估
y_pred_train = model.predict(X_train)
accuracy_train = accuracy_score(y_train,y_pred_train)
precision_train = precision_score(y_test,y_pred,average = 'macro')
recall_train = recall_score(y_test,y_pred,average = 'macro')
f1_train = f1_score(y_test,y_pred,average = 'macro')
print("Train Accuracy:",accuracy_train)
print("Train Precision:",precision_train)
print("Train Recall:",recall_train)
print("Train F1 - score:",f1_train)
```

在以上代码中，首先导入所需的库，并加载数据集（鸢尾花数据集）。然后将数据集拆分为训练集和测试集，使用 StandardScaler 对特征进行标准化。接下来选择 LogisticRegression 作为分类模型，并使用训练集对模型进行训练。再使用测试集对模型进行验证，并计算准确率、精确率、召回率和 F1 分数等评估指标。最后使用训练集来评估模型的训练效果。

6. 模型调优和性能优化的方法

模型调优和性能优化是一个迭代的过程，涉及多个方面，包括调整网络结构、改变超参数、使用正则化技术、数据增强等。以下是一些常见的模型调优和性能优化的示例代码。

1）调整网络结构

```
model = tf.keras.models.Sequential([
    tf.keras.layers.Dense(64,activation = 'relu',input_shape = (X_train.shape
[1],)),
    tf.keras.layers.Dense(128,activation = 'relu'),#增加隐藏层节点数
    tf.keras.layers.Dense(64,activation = 'relu'),
    tf.keras.layers.Dense(3,activation = 'softmax')
])
```

2）改变超参数

```
model. compile( optimizer = tf. keras. optimizers. Adam( learning_rate = 0.001),#改变
学习率
                loss = 'sparse_categorical_crossentropy',
                metrics = [ 'accuracy'])
```

3）使用正则化技术

```
model = tf. keras. models. Sequential([
       tf. keras. layers. Dense ( 64, activation = ' relu ', kernel _ regularizer =
tf. keras. regularizers. l2(0.01)),
       tf. keras. layers. Dense ( 64, activation = ' relu ', kernel _ regularizer =
tf. keras. regularizers. l2(0.01)),
       tf. keras. layers. Dense(3,activation = 'softmax')
   ])
```

4）数据增强

```
data_augmentation = tf. keras. Sequential([
    tf. keras. layers. experimental. preprocessing. RandomFlip("horizontal"),
    tf. keras. layers. experimental. preprocessing. RandomRotation(0.2),
  ])

model = tf. keras. models. Sequential([
    data_augmentation,
    tf. keras. layers. Dense(64,activation = 'relu',input_shape = ( X_train. shape
[1],)),
    tf. keras. layers. Dense(64,activation = 'relu'),
    tf. keras. layers. Dense(3,activation = 'softmax')
  ])
```

任务实施

构建一个简单的神经网络模型来进行手写数字识别。首先加载
MNIST 数据集，然后构建一个包含输入层、隐藏层和输出层的简单
神经网络模型，接着进行模型训练和预测，最后评价模型的准确率。
代码示例如下。

构建一个简单的
神经网络模型来进行
手写数字识别

（1）加载 MNIST 数据集。

```
import tensorflow as tf
from tensorflow. keras. datasets import mnist

(x_train,y_train),(x_test,y_test) = mnist. load_data()
x_train,x_test = x_train/255.0,x_test/255.0
```

（2）构建一个包含输入层、隐藏层和输出层的简单神经网络模型。

```
model = tf. keras. models. Sequential([
  tf. keras. layers. Flatten(input_shape = (28,28)),
  tf. keras. layers. Dense(128,activation = 'relu'),
  tf. keras. layers. Dropout(0.2),
  tf. keras. layers. Dense(10)
])
```

（3）进行模型训练和预测。

```
predictions = model(x_train[:1]). numpy()
predictions
```

（4）评价模型的准确率。

```
loss_fn = tf. keras. losses. SparseCategoricalCrossentropy(from_logits = True)
model. compile(optimizer = 'adam',
              loss = loss_fn,
              metrics = ['accuracy'])

model. fit(x_train,y_train,epochs = 5)
model. evaluate(x_test,y_test,verbose = 2)
```

运行结果：

```
Downloading data from https://storage. googleapis. com/tensorflow/tf - keras -
datasets/mnist. npz
  11490434/11490434[ ============================== ] - 2s 0us/step


  Epoch 1/5
  1875/1875[ ============================== ] - 10s 4ms/step - loss:0. 2957 -
accuracy:0. 9145
  Epoch 2/5
  1875/1875[ ============================== ] - 7s 4ms/step - loss:0. 1448 - ac-
curacy:0. 9572
  Epoch 3/5
  1875/1875[ ============================== ] - 6s 3ms/step - loss:0. 1079 - ac-
curacy:0. 9667
  Epoch 4/5
  1875/1875[ ============================== ] - 6s 3ms/step - loss:0. 0889 - ac-
curacy:0. 9724
  Epoch 5/5
  1875/1875[ ============================== ] - 7s 4ms/step - loss:0. 0746 - ac-
curacy:0. 9762
  313/313 - 1s - loss:0. 0787 - accuracy:0. 9765 - 1s/epoch - 3ms/step
```

这段代码中，使用了一个包含输入层、隐藏层和输出层的简单神经网络模型来对手写数字进行识别。使用 MNIST 数据集进行模型的训练和预测，最后评价模型的准确率。

任务评价

完成任务案例后，可以从以下几个方面对其进行评价。

1. 模型性能：评估模型在测试数据集上的准确率和性能，确保模型能够正确预测手写数字。

2. 代码质量：评估代码的可读性、可维护性和可扩展性。检查是否遵循良好的编码规范，是否有适当的注释和文档，以及是否使用了合适的设计模式和代码组织结构。

3. 训练效果：检查模型的训练效果是否良好，例如，是否出现过拟合或欠拟合等问题。

4. 用户体验：评估手写数字识别功能的用户体验，用户能否轻松地使用该功能并获得准确的预测结果。

5. 实现扩展性：考虑模型的扩展性和适应性，评估模型是否能够处理其他类别的手写数字或其他类型的数据。可以尝试使用其他数据集或扩展模型的架构来评估其扩展性。

任务评价表

任务名称	使用 TensorFlow 构建和训练学习模型					
评价项目	评价标准		分值标准	自评	互评	教师评价
任务完成情况	模型性能	共 60 分	12 分			
	代码质量		12 分			
	训练效果		12 分			
	用户体验		12 分			
	实现扩展性		12 分			
工作态度	态度端正，工作认真	10 分				
工作完整	能按时完成全部任务	10 分				
协调能力	与小组成员之间能够合作交流、协调工作	10 分				
职业素质	能够做到安全生产，爱护公共设施	10 分				
合计		100 分				
综合评分（自评占 30%、小组互评占 20%、教师评价占 50%）						

拓展任务

如果想通过具体的练习进一步掌握 TensorFlow，可以完成以下五个拓展任务，从基础到进阶。

拓展任务参考答案

1. TensorFlow 基础

– 理解 TensorFlow 中张量（Tensor）的概念和基本运算。
– 创建不同类型（如常量、变量）、不同形状和不同数据类型的张量。
– 实践基本的 TensorFlow 运算，如加法、乘法，以及更复杂的数学运算。

2. TensorFlow 中的线性回归

– 使用 TensorFlow 实现简单的线性回归模型。
– 生成一些合成数据作为训练数据。
– 使用梯度下降优化器来训练模型，并观察训练过程中的损失函数变化。

3. TensorFlow 中的图像分类

– 使用 TensorFlow 构建一个简单的卷积神经网络（CNN）。
– 加载一个公开的图像数据集，如 MNIST 或 CIFAR – 10。
– 将 CNN 模型进行图像分类，并评估其性能。

4. TensorFlow 中的文本处理

– 理解如何使用 TensorFlow 处理文本数据。
– 创建一个简单的循环神经网络（RNN）或长短期记忆网络（LSTM）来处理文本数据。
– 使用一个文本数据集进行模型训练，并进行文本生成或分类。

5. TensorFlow 中的高级 API 使用

– 理解并使用 TensorFlow 的 tf. data API 来构建输入管道。
– 使用 tf. keras API 设计和实现复杂的模型结构，如残差网络（ResNet）或 Transformer 模型。
– 探索 TensorFlow 的高级特性，如自定义层、自定义训练循环、模型保存和恢复。

任务2　构建神经网络模型

任务目标

– 理解神经网络的基本原理和结构。
– 学习神经网络的前向传播和反向传播算法。
– 掌握神经网络中常见的激活函数和损失函数。
– 理解神经网络的训练和优化方法。
– 实践一个简单的神经网络任务，加深对所学知识的理解和应用。

–学习机器学习和深度学习的基本概念，包括训练集、测试集、损失函数等。

–理解神经网络的基本组成部分，包括神经元、权重和偏差等。

–学习神经网络的前向传播和反向传播算法，了解它们的原理和实现方法。

–学习常见的激活函数和损失函数，了解它们的作用和选择方法。

–学习神经网络的训练和优化方法，包括梯度下降、批量训练和学习率调整等。

–实践一个任务案例，例如使用神经网络进行二分类问题的预测。

–完成任务后，对模型的性能、代码质量和训练效果等方面进行评价，以提升自己的学习和应用能力。

相关知识

1. 神经网络的基本原理和结构

神经网络的基本原理是通过大量简单的单元进行并行处理和传递信息，以实现复杂的数据模式识别和决策功能。下面是神经网络的基本结构和每部分的作用。

1）输入层（Input Layer）

功能：接收输入数据，如图像的像素值、传感器读数或任何原始数据。

结构：输入层的节点数通常与特征的数量相匹配。每个节点代表数据集中的一个特征。

2）隐藏层（Hidden Layers）

功能：进行特征提取和变换。隐藏层是神经网络的核心，可以由一个或多个层组成。

结构：每个隐藏层由若干神经元组成，每个神经元都与上一层的每个神经元相连，并对其输入进行加权，然后应用一个激活函数。

激活函数：通常是非线性函数，如 ReLU、Sigmoid 或 Tanh。激活函数的选择对网络的性能有重大影响。

3）输出层（Output Layer）

功能：产生网络的最终输出，这可以是分类任务中的类别概率、回归任务中的连续值或其他类型的输出。

结构：输出层的神经元数量取决于特定任务。例如，在多类别分类问题中，通常与类别的数量相匹配。

激活函数：取决于任务类型。例如，分类任务可能使用 Softmax 函数来输出概率分布，而回归任务可能使用恒等函数（线性激活）。

4）连接权重和偏置（Weights and Biases）

权重：决定了输入信号在传递到下一层时的影响力。权重越高，相应的输入特征对于神经元的激活越重要。

偏置：允许每个神经元可以调整其激活阈值。

神经网络通过在训练过程中不断调整权重和偏置来学习。训练时，网络会使用一个损失函数来评估其输出与真实值之间的差异，并使用诸如梯度下降的优化算法来最小化这个损失函数。

每个神经元的输出是其加权输入的总和，通过激活函数进行转换后的结果。在多层网络中，每一层的输出成为下一层的输入，这样的结构允许神经网络可以捕捉和建模数据中的复杂非线性关系。因此，随着网络层数的增加和神经元数量的增多，网络的表达能力（或称为"容量"）也随之增加。不过，这也可能导致过拟合，即模型在训练数据上表现优异，但在未见过的新数据上泛化能力差。解决过拟合的策略包括添加正则化、使用 dropout 技术或获取更多的训练数据等。

2. 神经网络的前向传播算法

神经网络的前向传播算法是一种计算过程，它将输入数据通过网络传递，最终得到输出。在这个过程中，每一层的神经元接收到来自上一层神经元的输入，将这些输入与各自的权重相乘，加上偏置项，然后通过激活函数生成该层神经元的输出，这些输出将作为下一层的输入。

以下是前向传播算法的步骤。

（1）初始化输入：将输入数据赋值给第一层（输入层）的激活值。

（2）对于每一层，执行以下步骤。

• 计算线性组合：将上一层的激活值与当前层的权重矩阵相乘，并加上当前层的偏置项，得到线性组合值。

• 应用激活函数：将线性组合值作为输入，通过激活函数进行非线性转换，得到当前层的激活值。

• 将当前层的激活值作为下一层的输入，重复前两个步骤。

（3）对于输出层，根据具体任务选择相应的激活函数（如 Sigmoid、Softmax 等）。

（4）返回最后一层的激活值作为网络的输出。

在每一层中，通过计算线性组合和应用激活函数，前向传播算法将输入数据传递给网络的输出层。这样，就可以得到神经网络对输入数据的预测结果。

需要注意的是，前向传播算法仅计算了网络的输出，而没有进行权重和偏置项的更新。在训练过程中，需要结合损失函数和反向传播算法来计算梯度，并使用优化算法来更新模型的参数。

示例：使用 Python 实现神经网络前向传播算法。

```python
import numpy as np

def sigmoid(z):
    #Sigmoid 激活函数
    return 1/(1 + np.exp( - z))

def forward_propagation(X,parameters):
    前向传播算法

    参数:
    X - 输入数据,维度为(n_x,m)
    parameters - 包含权重和偏置项的字典

    返回:
    A - 最后一层的激活值
    cache - 包含中间计算结果的字典
```

```
#从字典中提取权重和偏置项
W1 = parameters["W1"]
b1 = parameters["b1"]
W2 = parameters["W2"]
b2 = parameters["b2"]

#执行前向传播计算
Z1 = np. dot(W1,X) + b1
A1 = np. tanh(Z1)
Z2 = np. dot(W2,A1) + b2
A2 = sigmoid(Z2)

#将计算结果保存在缓存中
cache = {
    "Z1":Z1,
    "A1":A1,
    "Z2":Z2,
    "A2":A2
}

return A2,cache
```

在上述代码中，首先定义了 Sigmoid 激活函数，它在神经网络中常用于产生激活值。然后定义了 forward_propagation 函数，该函数接收输入数据 X 和包含权重与偏置项的字典 parameters 作为输入参数。在函数中，从参数字典中提取权重和偏置项，并执行前向传播的计算。具体来说，首先计算第一层的线性组合 Z1，然后通过应用激活函数 Tanh 得到第一层的激活值 A1。接下来计算第二层的线性组合 Z2，并通过 Sigmoid 函数得到最终的激活值 A2。最后将计算结果保存在缓存字典中，并返回激活值 A2 和缓存。

3. 神经网络的反向传播算法

神经网络的反向传播算法是一种高效的算法，它可以计算损失函数对任意权重的梯度，这些梯度随后被用于通过梯度下降算法更新网络的权重。反向传播的基本思想是应用链式法则来计算对每个权重的梯度，然后将这些梯度用于更新，使损失函数最小化。

以下是反向传播算法的步骤：

（1）初始化参数：对每一层的权重和偏置项进行随机初始化。

（2）前向传播：使用前向传播算法计算网络的输出。

（3）计算损失：使用损失函数比较网络的输出和真实标签，得到损失值。

（4）反向传播：

● 计算输出层的梯度：根据损失函数和输出层的激活函数，计算输出层的梯度。

● 反向传播梯度：从输出层开始，通过链式法则将梯度传递到每一层。对于每一层，计算当前层的梯度，并将其传递给前一层。

● 计算参数的梯度：对于每一层，根据当前层的激活值和梯度，计算当前层的权重和偏置项的梯度。

● 更新参数：使用梯度下降或其他优化算法，根据参数的梯度更新每一层的权重和偏置项。

（5）重复步骤（2）~（4），直到满足停止条件（如达到最大迭代次数或损失函数收敛）。

通过反向传播算法，可以计算出每一层的梯度，并利用梯度下降等优化算法来更新模型的参数，以最小化损失函数。这样，神经网络就能够从输入数据中学习到适合任务的权重和偏置项。

示例：使用 Python 实现神经网络反向传播算法。

```python
#首先,需要导入 NumPy 库来进行数值计算:
import numpy as np


#然后,定义一个简单的神经网络类,包括初始化网络、前向传播和反向传播的方法:
class NeuralNetwork:
    def __init__(self,layers):
        self.layers = layers
        self.num_layers = len(layers)
        self.weights = [np.random.randn(y,x) for x,y in zip(layers[:-1],layers[1:])]
        self.biases = [np.random.randn(y,1) for y in layers[1:]]

    def forward_propagation(self,a):
        for w,b in zip(self.weights,self.biases):
            a = sigmoid(np.dot(w,a) +b)
        return a

    def backward_propagation(self,x,y):
        delta_weights = [np.zeros(w.shape) for w in self.weights]
        delta_biases = [np.zeros(b.shape) for b in self.biases]
        activation = x
        activations = [x]
        zs = []

        for w,b in zip(self.weights,self.biases):
            z = np.dot(w,activation) +b
            zs.append(z)
            activation = sigmoid(z)
            activations.append(activation)
```

```
        delta = self. cost_derivative(activations[ -1], y) * sigmoid_derivative( zs
[ -1])
        delta_weights[ -1] = np. dot(delta, activations[ -2]. transpose())
        delta_biases[ -1] = delta

        for l in range(2, self. num_layers):
            z = zs[ -l]
            sd = sigmoid_derivative(z)
            delta = np. dot( self. weights[ -l +1]. transpose(), delta) * sd
            delta_weights[ -l] = np. dot(delta, activations[ -l -1]. transpose())
            delta_biases[ -l] = delta

        return delta_weights, delta_biases

    def cost_derivative(self, output, y):
        return output - y


#接下来,定义一些辅助函数,如 Sigmoid 函数和其导数函数:
def sigmoid( z):
    return 1.0/(1.0 + np. exp( -z))


def sigmoid_derivative(z):
    return sigmoid(z) * (1 - sigmoid(z))


#最后,使用上述神经网络类来进行训练和预测:
#创建一个 2 层的神经网络,输入层有 2 个神经元,输出层有 1 个神经元
network = NeuralNetwork([2, 3, 1])


#定义训练数据集
training_data = [(np. array([[0], [0]]), np. array([[0]])),
            (np. array([[0], [1]]), np. array([[1]])),
            (np. array([[1], [0]]), np. array([[1]])),
            (np. array([[1], [1]]), np. array([[0]]))]


#进行训练
epochs = 1000
learning_rate = 0.1


for _ in range(epochs):
    for x, y in training_data:
        delta_weights, delta_biases = network. backward_propagation(x, y)
```

```
        network.weights =[w - learning_rate* dw for w,dw in zip(network.weights,
delta_weights)]
        network.biases =[b - learning_rate* db for b,db in zip(network.biases,
delta_biases)]

#使用训练好的网络进行预测
test_data =np.array([[0],[1]])
prediction =network.forward_propagation(test_data)
print("Prediction:",prediction)
```

运行结果：

```
Prediction: [[0.5471044]]
```

4. 常见的激活函数

在神经网络中，激活函数（Activation Function）用于引入非线性特征，使神经网络能够学习和表示复杂的关系。以下是一些常见的激活函数。

1）Sigmoid 激活函数

Sigmoid 函数将输入值映射到 0 和 1 之间，它的公式为 $f(x) = 1/(1 + \exp(-x))$。Sigmoid 函数在深度神经网络中的梯度消失问题限制了其应用范围，但仍然在某些场景下有用。

2）双曲正切（Tanh）激活函数

Tanh 函数将输入值映射到 $-1 \sim 1$ 之间，它的公式为 $f(x) = (\exp(x) - \exp(-x))/(\exp(x) + \exp(-x))$。Tanh 函数解决了 Sigmoid 函数的梯度消失问题，并且在中间区域的输出更大，更适用于神经网络的训练。

3）ReLU 激活函数

ReLU(Rectified Linear Unit) 函数将负数映射为 0，正数保持不变，它的公式为 $f(x) = \max(0,x)$。ReLU 激活函数在深度神经网络中得到了广泛应用，因为它的计算简单且有效，避免了梯度消失问题。

4）Leaky ReLU 激活函数

Leaky ReLU 函数是对 ReLU 函数的改进，当输入值为负数时，不再映射为 0，而是乘以一个小的斜率（通常为 0.01），它的公式为 $f(x) = \max(0.01x,x)$。Leaky ReLU 函数的引入有助于解决 ReLU 函数的"死亡神经元"问题。

5）Softmax 激活函数

Softmax 函数常用于多分类问题中，它将输入值映射为一个概率分布，使所有输出值的总和为 1。Softmax 函数的公式为 $f(x\_i) = \exp(x\_i)/\mathrm{sum}(\exp(x\_j))$，其中，$x\_i$ 是输入向量的第 i 个元素。

每个激活函数都有其适用的场景和特点。在选择激活函数时，需要考虑问题的性质、梯度的稳定性、计算效率等因素。

5. 常见的损失函数

损失函数（Loss Function）是机器学习和深度学习中用来衡量模型预测值与真实值之间

差异的一种函数。它是训练过程中优化的目标，模型的训练过程就是通过最小化损失函数来寻找最佳参数的过程。根据不同的任务和模型类型，选择适合的损失函数非常重要。以下是一些常见的损失函数。

1）均方误差损失（Mean Squared Error，MSE）

均方误差损失是回归问题中最常用的损失函数之一。它计算预测值与真实值之间的差值的平方，并求取平均值作为损失值。均方误差损失对异常值较为敏感。

2）交叉熵损失（Cross Entropy Loss）

交叉熵损失通常用于二分类和多分类问题中。对于二分类问题，可以使用二元交叉熵损失，对于多分类问题，可以使用多元交叉熵损失。交叉熵损失根据预测概率分布与真实标签之间的差异进行计算，可以更好地衡量分类模型的性能。

3）对数损失（Log Loss）

对数损失也常用于二分类和多分类问题中，特别是在概率模型中。它是交叉熵损失在对数空间的等价形式，用于衡量模型预测概率与真实概率之间的差异。

4）Hinge 损失

Hinge 损失通常用于支持向量机（SVM）中的分类问题。它在正确分类和错误分类之间施加了较大的惩罚，鼓励模型找到更好的分类边界。

5）感知损失（Perceptron Loss）

感知损失也常用于二分类问题中，特别是在感知机模型中。它通过计算预测标签与真实标签之间的差异来评估模型的性能。

以上只是一些常见的损失函数，选择哪个损失函数要根据具体的任务和模型来确定。在实际应用中，还可以根据需要对损失函数进行定制和调整。

6. 神经网络的训练方法

神经网络的训练方法包括批量训练、小批量训练和随机训练，它们在数据的处理方式上有所不同。

1）批量训练（Batch Training）

批量训练是指将整个训练集作为一个批次输入神经网络中进行训练。在每次迭代中，计算模型预测值与真实标签之间的损失，然后根据损失值更新模型的参数。批量训练的优点是计算效率高，因为可以利用矩阵运算的并行性。然而，批量训练也有一些缺点，如占用大量内存和计算资源，并且可能导致训练过程过于保守，难以适应复杂的数据分布。

2）小批量训练（Mini – Batch Training）

小批量训练是介于批量训练和随机训练之间的一种折中方法。训练集被分割成多个大小相等的小批量，每个批量包含一定数量的训练样本。在每次迭代中，将一个小批量的数据输入神经网络中进行训练，并更新模型的参数。小批量训练相对于批量训练的优点是减少了内存和计算资源的需求，并且能够更好地适应数据的变化。此外，小批量训练也可以利用硬件加速的优势，如图形处理单元（GPU）。

3）随机训练（Stochastic Training）

随机训练是指在每次迭代中，从训练集中随机选择一个样本作为训练数据。与批量训练和小批量训练相比，随机训练的主要优点是可以更快地更新模型参数，因为每个迭代只需要计算一个样本的损失和更新参数。这样可以提高训练速度，特别是在大规模数据集上。然而，随机训练也存在一些缺点，例如对噪声数据更为敏感，可能导致模型训练过程中的不稳定性。因此，在实际应用中，通常会采用小批量训练来平衡计算效率和训练稳定性。

选择的训练方法取决于具体的问题和数据集。批量训练适用于较小的数据集，计算资源充足的情况下可以获得较好的结果。小批量训练是目前最常用的训练方法，可以在保证计算效率的同时，兼顾模型的稳定性和泛化能力。随机训练适用于大规模数据集和特定的问题，可以提高训练速度，但需要注意调整学习率等超参数，以保证训练的稳定性。

不同的训练方法可能会对模型的收敛速度、泛化能力和结果稳定性产生影响。因此，在实际应用中，通常需要进行实验和调优，选择最适合的训练方法。

7. 优化方法

优化方法是用于改善模型训练效果和加快收敛速度的关键技术。下面介绍两种常用的优化方法：梯度下降和学习率调整。

1）梯度下降（Gradient Descent）

梯度下降是一种迭代优化算法，用于最小化损失函数。在训练过程中，计算损失函数对模型参数的梯度（即参数的变化方向）。梯度下降算法朝着梯度的负方向更新参数，以减小损失函数的值。这样反复迭代，直到达到收敛条件或达到最大迭代次数。梯度下降算法有多种变体，如批量梯度下降（Batch Gradient Descent）、随机梯度下降（Stochastic Gradient Descent）和小批量梯度下降（Mini – Batch Gradient Descent）等。

2）学习率调整（Learning Rate Scheduling）

学习率是梯度下降算法中控制参数更新步长的重要超参数。过高的学习率可能导致参数在梯度方向上来回震荡，收敛困难；而过低的学习率则可能使参数收敛速度过慢。因此，合适的学习率选择至关重要。学习率调整技术可以在训练过程中动态地调整学习率，以提高训练效果和收敛速度。

除了上述方法外，还有其他一些优化方法可以提高模型训练效果和收敛速度，例如动量优化（Momentum Optimization）、自适应动量优化（Adaptive Momentum Optimization）、正则化（Regularization）和批量归一化（Batch Normalization）等。这些方法可以根据具体的问题和数据集进行选择和调整，以获得更好的优化效果。

任务实施

构建一个简单的全连接神经网络模型来进行手写数字识别。

过程描述：首先加载 MNIST 数据集，然后构建一个包含输入层、隐藏层和输出层的全连接神经网络模型。接着使用反向传播算法进行模型训练，最后评价模型的准确率。可以使用 Python 的 TensorFlow 库来实现。以下是一段示例代码。

构建一个简单的全连接神经网络模型来进行手写数字识别

（1）加载 MNIST 数据集。

```
import tensorflow as tf
from tensorflow. keras. datasets import mnist
```

```
(x_train,y_train),(x_test,y_test)=mnist.load_data()
x_train,x_test=x_train/255.0,x_test/255.0
```

（2）构建一个包含输入层、隐藏层和输出层的全连接神经网络模型。

```
model=tf.keras.models.Sequential([
    tf.keras.layers.Flatten(input_shape=(28,28)),
    tf.keras.layers.Dense(128,activation='relu'),
    tf.keras.layers.Dropout(0.2),
    tf.keras.layers.Dense(10,activation='softmax')
])
```

（3）使用反向传播算法进行模型训练。

```
model.compile(optimizer='adam',
            loss='sparse_categorical_crossentropy',
            metrics=['accuracy'])

model.fit(x_train,y_train,epochs=5)
```

（4）评价模型的准确率。

```
model.evaluate(x_test,y_test,verbose=2)
运行结果:
Epoch 1/5
1875/1875[==============================]-9s 4ms/step-loss:0.3006-accuracy:0.9127
Epoch 2/5
1875/1875[==============================]-6s 3ms/step-loss:0.1430-accuracy:0.9574
Epoch 3/5
1875/1875[==============================]-6s 3ms/step-loss:0.1071-accuracy:0.9672
Epoch 4/5
1875/1875[==============================]-6s 3ms/step-loss:0.0870-accuracy:0.9733
Epoch 5/5
1875/1875[==============================]-6s 3ms/step-loss:0.0738-accuracy:0.9770
313/313-1s-loss:0.0737-accuracy:0.9768-1s/epoch-3ms/step
```

　　在这个示例中，使用了一个包含输入层、隐藏层和输出层的全连接神经网络模型来对手写数字进行识别，加载了 MNIST 数据集进行模型的训练，然后使用反向传播算法进行训练，最后评价模型的准确率。

　　这段代码提供了一个简单的示例，在实际应用中，可能需要更复杂的模型和更多的优化步骤，但这个示例可以帮助学习者入门全连接神经网络模型的构建和训练。

任务评价

完成任务案例后，可以从以下几个方面对其进行评价。

1. 模型性能：评估模型在测试数据集上的准确率、精确度、召回率、F1 分数等指标，确保模型能够准确地完成二分类预测任务。

2. 数据处理：评估数据预处理的效果，包括特征提取、特征缩放、数据划分等步骤。检查是否正确处理了缺失值、异常值和不平衡数据等问题。

3. 模型设计：评估模型的结构和参数设置。检查是否选择了适当的网络结构、激活函数和损失函数。

4. 训练效果：评估模型的训练效果和收敛情况。观察训练曲线、损失函数和准确率的变化，检查是否出现过拟合或欠拟合等问题。

5. 可扩展性：评估模型的扩展性和适应性，考虑是否能够处理其他类别的二分类问题或其他类型的数据。尝试使用其他数据集或调整模型结构来评估其扩展性。

6. 用户体验：评估用户使用模型的体验。考虑模型的预测速度、界面友好程度、交互的流畅性以及预测结果的准确性。

7. 实际应用：评估模型在实际应用中的效果。检查模型是否满足实际需求，是否能够在真实场景中成功应用和部署。

以上评价指标可以根据具体任务案例的需求进行调整和补充。通过对这些方面的评价，可以深入了解模型的表现和潜在问题，并根据评价结果进一步改进模型和优化应用。

任务评价表

任务名称	构建神经网络模型					
评价项目	评价标准	分值标准		自评	互评	教师评价
任务完成情况	能够准确地完成二分类预测任务	共60分	12 分			
	是否正确处理了缺失值、异常值和不平衡数据等问题		12 分			
	是否选择了适当的网络结构、激活函数和损失函数		12 分			
			12 分			
	训练效果：评估模型的训练效果和收敛情况		12 分			
	模型的预测速度、预测结果的准确性					
工作态度	态度端正，工作认真	10 分				
工作完整	能按时完成全部任务	10 分				
协调能力	与小组成员之间能够合作交流、协调工作	10 分				

续表

任务名称	构建神经网络模型				
评价项目	评价标准	分值标准	自评	互评	教师评价
职业素质	能够做到安全生产，爱护公共设施	10 分			
合计		100 分			
综合评分 （自评占 30%、小组互评占 20%、教师评价占 50%）					

拓展任务

拓展任务参考答案

　　了解神经网络的基础并实践是提高深度学习技能的关键。以下是五个旨在加深对神经网络理解和实践技能的拓展任务。

　　任务 1：实现并训练一个感知器

　　－理解感知器（Perceptron）作为神经网络的基本单元。

　　－使用 Python 实现一个简单的感知器模型。

　　－使用合成数据集训练这个感知器执行二分类任务。

　　任务 2：构建一个多层前馈神经网络

　　－学习多层前馈神经网络（也称为多层感知器）的架构。

　　－使用框架（如 TensorFlow 或 PyTorch）实现一个多层神经网络。

　　－在一个标准数据集（如 MNIST）上训练网络，并观察其性能。

　　任务 3：理解并实现反向传播算法

　　－理解反向传播算法的原理，包括链式法则。

　　－手动实现一个简单的反向传播算法。

　　－使用反向传播算法在神经网络中计算梯度，并与框架内置的梯度计算进行对比。

　　任务 4：使用正则化技术防止过拟合

　　－学习正则化技术，如权重衰减（L2 正则化）、丢弃法（Dropout）。

　　－修改神经网络模型，加入正则化技术。

　　－比较加入正则化前后模型在训练集和测试集上的表现，以评估过拟合情况。

　　任务 5：实验不同的激活函数

　　－学习不同的激活函数，如 Sigmoid、ReLU、Leaky ReLU 和 Tanh。

　　－在神经网络模型中尝试使用不同的激活函数。

　　－对比各种激活函数对模型性能的影响。

任务 3 图像识别与自然语言处理

任务目标

–理解 Python 图像识别和自然语言处理的基本原理与概念。

–掌握使用 Python 进行图像识别和自然语言处理的基本技能。

–理解常见的图像识别和自然语言处理任务，并能够实施这些任务。

任务要求

–要求理解图像和文本数据的表示方法，以及常用的模型架构和算法。

–使用 Python 库和框架，如 TensorFlow、Keras、PyTorch、NLTK 等，进行图像处理、特征提取、模型训练和评估等操作。

–了解如何加载和处理图像数据、文本数据，以及如何构建和训练图像识别与自然语言处理模型。

相关知识

1. Python 图像识别

1）图像数据的预处理方法

在进行图像处理和图像识别任务之前，通常需要对图像数据进行预处理。以下是一些常见的 Python 图像数据预处理方法。

● 调整大小（Resizing）：使用图像处理库（如 PIL 或 OpenCV）可以将图像的尺寸调整为所需的大小。这对于确保输入图像具有一致的大小很重要，以便在神经网络中进行批处理操作。

● 裁剪（Cropping）：裁剪图像可以去除不相关的部分或调整图像的组合。这可以通过指定感兴趣区域的坐标或使用自动裁剪算法来实现。

● 翻转（Flipping）：水平或垂直翻转图像可以增加数据的多样性。这对于训练过程中的数据增强很有用，可以增加模型的鲁棒性。

● 旋转（Rotation）：旋转图像可以改变图像的角度。这对于解决数据集中角度变化的问题很有用，可以增加模型的鲁棒性。

● 标准化（Normalization）：将图像的像素值缩放到特定范围内，例如 ［0，1］或 ［-1，1］。这有助于确保图像的亮度和对比度一致，并使模型更易于训练。

● 增加噪声（Adding Noise）：为图像添加随机噪声有助于提高模型的鲁棒性，使其对于噪声和干扰更具鲁棒性。常见的噪声类型包括高斯噪声、椒盐噪声等。

● 标签编码（Label Encoding）：对于分类问题，将类别标签编码为数字形式。这可以使用独热编码（One - Hot Encoding）或标签映射（Label Mapping）来实现。

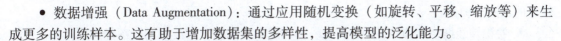

● 数据增强（Data Augmentation）：通过应用随机变换（如旋转、平移、缩放等）来生成更多的训练样本。这有助于增加数据集的多样性，提高模型的泛化能力。

具体的预处理方法取决于问题的性质和数据集的特点。可以根据实际需求选择适当的预处理方法。

2）常用的图像特征提取方法

在计算机视觉领域，有许多常用的图像特征提取方法，以下是其中一些常见的方法。

● 尺度不变特征变换（Scale‑Invariant Feature Transform，SIFT）：SIFT是一种基于局部特征的描述子，能够在不同尺度和旋转下提取稳定的特征点。

● 快速的特征尺度变换（Speeded Up Robust Features，SURF）：SURF是一种与SIFT类似的局部特征描述子，但在计算速度上更快。

● 方向梯度直方图（Histogram of Oriented Gradients，HOG）：HOG特征通过计算图像中不同区域的梯度方向直方图来描述图像的局部纹理和形状信息，常用于目标检测和行人识别等任务。

● 形状上下文（Shape Context）：形状上下文描述了图像中对象的形状信息，通过计算对象边界上的点与其他点之间的关系来表示形状。

● 颜色直方图（Color Histogram）：颜色直方图用于描述图像中不同颜色的分布情况，通常将图像的颜色空间划分为若干个区域，并统计每个区域中像素的数量。

● 尺度空间极值检测（Scale Space Extrema Detection）：尺度空间极值检测方法通过在不同尺度下寻找图像中的极值点来提取特征。

● 主成分分析（Principal Component Analysis，PCA）：PCA是一种降维技术，可以通过线性变换将高维特征投影到低维空间，保留最重要的特征。

● 卷积神经网络特征（CNN）：CNN是一种深度学习模型，可以通过在卷积层中提取图像的特征，并在全连接层中进行分类或回归。

这些特征提取方法在不同的场景和任务中有其优势和适用性。根据具体问题的需求和数据集的特点，选择适当的特征提取方法非常重要。同时，随着深度学习的发展，使用预训练的卷积神经网络模型（如ResNet、Inception等）提取特征已成为常见的做法。

3）常见的图像识别算法

在图像识别领域，有许多常见的图像识别算法，以下是其中一些常见的算法。

● 支持向量机（Support Vector Machine，SVM）：SVM是一种常用的监督学习算法，可用于图像分类和目标检测等任务。它通过将输入数据映射到高维特征空间，并在特征空间中找到一个最优的超平面来实现分类。

● k最近邻算法（k‑Nearest Neighbors，k‑NN）：k‑NN是一种简单而直观的非参数分类算法，它根据样本之间的距离来进行分类。对于给定的测试样本，k‑NN算法找到与该样本最近的k个训练样本，并根据这些样本的标签进行预测。

● 决策树（Decision Tree）：决策树是一种基于树结构的分类算法，它通过构建一棵树来进行分类。在每个节点上，决策树根据特征的值进行划分，最终得到一个叶节点，表示对样本的分类。

● 随机森林（Random Forest）：随机森林是一种集成学习算法，它通过构建多个决策树，并对它们的结果进行投票或平均，来进行分类。随机森林可以减少过拟合问题，并具有较高的预测准确性。

- 卷积神经网络（CNN）：CNN 是一种深度学习模型，广泛应用于图像识别任务。CNN 在卷积层中提取图像的特征，并在全连接层中进行分类或回归。
- 循环神经网络（Recurrent Neural Network，RNN）：RNN 是一种具有循环连接的神经网络，适用于处理序列数据，如图像中的时间序列或语言序列。在图像识别中，RNN 常被用于处理图像的描述或标注。
- 改进的卷积神经网络（Improved Convolutional Neural Network）：例如 ResNet、Inception 等，这些是一些经过改进的卷积神经网络模型，通过使用残差连接、多尺度卷积等方法来提高模型的性能。

这些算法在图像识别领域有着广泛的应用，每个算法都有其特点和适用性。根据具体的问题和数据集的特点，选择适当的图像识别算法非常重要。同时，随着深度学习的发展，卷积神经网络等深度学习模型在图像识别中取得了显著的成果。

4）常用的图像识别库和工具

- OpenCV：是一个开源的计算机视觉库，提供了丰富的图像处理和计算机视觉算法。它支持多种编程语言，包括 C++、Python 等，可以用于图像的读取、显示、变换、特征提取、目标检测等任务。
- TensorFlow：是一个开源的深度学习框架，由 Google 开发。它提供了丰富的工具和函数，用于构建、训练和部署各种深度学习模型，包括图像识别模型。TensorFlow 支持多种编程语言，如 Python、C++ 等。
- Keras：是一个高层次的深度学习框架，可以运行在 TensorFlow、Theano 和 CNTK 等后端上。Keras 提供了简单易用的 API，可以快速搭建和训练深度学习模型。它在图像识别中广泛应用，特别适用于快速原型设计和实验。
- PyTorch：是一个开源的深度学习框架，由 Facebook 开发。它提供了动态图机制和丰富的工具，用于构建和训练深度学习模型。PyTorch 在图像识别和计算机视觉领域有很多应用，具有灵活性和易用性。
- Scikit – Learn：是一个机器学习库，提供了多种经典和先进的机器学习算法。虽然它主要用于通用的机器学习任务，但它也包含了一些图像处理和特征提取的功能，可以用于简单的图像识别问题。
- MXNet：是一个快速、可扩展的深度学习框架，由亚马逊开发。它支持多种编程语言，如 Python、R、Scala 等，并提供了简单易用的 API。MXNet 在图像识别领域有很多应用，具有高性能和灵活性。

2. Python 自然语言处理

1）文本数据的预处理方法

文本数据的预处理是自然语言处理（NLP）中的重要步骤，用于将原始文本转换为可供机器学习算法使用的格式。以下是常见的文本数据预处理方法。

- 分词（Tokenization）：将文本拆分成单个的词或标记，称为词语（tokens）。常见的分词方法包括基于空格的分词、基于规则的分词、基于统计的分词（如 n – gram）以及基于机器学习的分词（如条件随机场）等。

● 去除停用词（Stopword Removal）：停用词是在文本中频繁出现但通常不携带有用信息的词语，如"的""是""在"等。去除停用词可以减小特征空间，提高后续处理的效率。常见的停用词列表可以从开源库或自定义列表中获取。

● 词干化（Stemming）：词干化是将词语归约为其词干或基本形式的过程。例如，将"running"和"runs"都归约为"run"。词干化可以减少词形变化的影响，但可能会导致一些词语的语义丢失。常见的词干化算法有 Porter 算法和 Lancaster 算法等。

● 词向量化（Word Vectorization）：将文本中的词语转换为数值向量表示，以便机器学习算法能够处理。

2）常见的自然语言处理任务

● 文本分类（Text Classification）：将文本分为不同的预定义类别，例如将电子邮件分类为垃圾邮件、非垃圾邮件，将新闻文章分类为体育、政治、娱乐等。

● 情感分析（Sentiment Analysis）：确定文本中的情感倾向，如正面、负面或中性。情感分析可以应用于产品评论、社交媒体数据等领域，帮助了解用户对某个产品、事件或话题的情感态度。

● 命名实体识别（Named Entity Recognition，NER）：识别文本中具有特定意义的实体，如人名、地名、组织机构名等。NER 在信息提取、问答系统和机器翻译等领域都有广泛应用。

● 机器翻译（Machine Translation）：将一种自然语言转换成另一种自然语言，例如将英文翻译成法文或中文翻译成英文。机器翻译涉及语言模型、句法分析、词义消歧等技术。

● 文本生成（Text Generation）：利用机器学习方法或深度学习方法生成符合语法和语义的文本，例如自动生成新闻报道、对话系统的回复等。

● 问答系统（Question Answering）：根据用户提出的问题，在给定的文本集合中找到最相关的答案。问答系统可以是基于检索的，也可以是基于理解的，如机器阅读理解。

● 语言模型（Language Modeling）：建模自然语言的概率分布，用于生成连续的文本或评估文本的合理性。语言模型在机器翻译、语音识别、语音合成等任务中起着重要作用。

● 文本摘要（Text Summarization）：从长篇文本中提取关键信息，生成简洁的摘要。文本摘要可以是单文档摘要（从单个文档中生成摘要）或多文档摘要（从多个文档中生成摘要）。

● 关系抽取（Relation Extraction）：从文本中识别和提取实体之间的关系。关系抽取可以用于信息提取、知识图谱构建等任务。

● 文本聚类（Text Clustering）：将文本数据分组到具有相似特征的聚类中。文本聚类可以用于文本分类、信息检索、推荐系统等。

● 文本对齐（Text Alignment）：将两个或多个文本进行对齐，以找到它们之间的相似性、差异性或对应关系。文本对齐在机器翻译、文本复述、跨语言文本分析等领域有应用。

3）常用的自然语言处理库和工具

● NLTK（Natural Language Toolkit）：NLTK 是一个广泛使用的 Python 库，用于教育、

研究和开发自然语言处理应用。它包含了各种文本处理任务所需的工具和数据集，如分词、词性标注、命名实体识别、语法分析、情感分析等。NLTK 还提供了一套易用的接口和函数，方便开发者进行文本挖掘和分析。

● spaCy：spaCy 是另一个流行的 Python NLP 库，提供了高效的自然语言处理功能。spaCy 的设计目标是提供快速且易于使用的工具，适用于大规模文本处理。它支持分词、词性标注、命名实体识别、句法分析、语义角色标注等任务，并且具有优化的性能和内存使用效率。

● Gensim：Gensim 是一个用于主题建模、文档相似度分析和词向量训练等任务的 Python 库。它提供了一套简单而灵活的接口，用于构建和训练词向量模型（如 Word2Vec、FastText）以及执行主题建模任务（如 Latent Dirichlet Allocation）。Gensim 还支持语义文档相似度计算和文本聚类等功能。

这些库和工具在自然语言处理领域得到了广泛的应用，可以帮助开发者处理文本数据、提取语义信息、进行信息检索和文本挖掘等任务。使用这些库，开发者可以更高效地进行自然语言处理工作。

任务实施

使用卷积神经网络（CNN）进行图像分类

1. 使用卷积神经网络（CNN）进行图像分类

过程描述：构建一个简单的图像分类模型，使用 MNIST 手写数字数据集进行训练和测试。首先对图像进行预处理和特征提取，然后构建卷积神经网络模型进行训练和测试。可以使用 Python 的 TensorFlow 库来实现。以下是一段示例代码。

（1）加载 MNIST 数据集并进行预处理。

```
import tensorflow as tf
from tensorflow. keras. datasets import mnist
from tensorflow. keras. utils import to_categorical

(x_train,y_train),(x_test,y_test) = mnist. load_data()
x_train,x_test = x_train/255.0,x_test/255.0

x_train = x_train. reshape( -1,28,28,1)
x_test = x_test. reshape( -1,28,28,1)

y_train = to_categorical(y_train,10)
y_test = to_categorical(y_test,10)
```

（2）构建卷积神经网络模型。

```
model = tf. keras. models. Sequential([
    tf. keras. layers. Conv2D(32,(3,3),activation = 'relu',input_shape =(28,28,1)),
    tf. keras. layers. MaxPooling2D((2,2)),
```

```
tf.keras.layers.Conv2D(64,(3,3),activation = 'relu'),
tf.keras.layers.MaxPooling2D((2,2)),
tf.keras.layers.Conv2D(64,(3,3),activation = 'relu'),
tf.keras.layers.Flatten(),
tf.keras.layers.Dense(64,activation = 'relu'),
tf.keras.layers.Dense(10,activation = 'softmax')
])
```

（3）进行模型训练。

```
model.compile(optimizer = 'adam',
              loss = 'categorical_crossentropy',
              metrics = ['accuracy'])

model.fit(x_train,y_train,epochs = 5,validation_data = (x_test,y_test))
```

运行结果：

```
Epoch 1/5
1875/1875[ ============================= ] - 31s 15ms/step - loss:0.1446 -
accuracy:0.9553 - val_loss:0.0472 - val_accuracy:0.9838
Epoch 2/5
1875/1875[ ============================= ] - 26s 14ms/step - loss:0.0452 -
accuracy:0.9863 - val_loss:0.0350 - val_accuracy:0.9882
Epoch 3/5
1875/1875[ ============================= ] - 24s 13ms/step - loss:0.0324 -
accuracy:0.9897 - val_loss:0.0309 - val_accuracy:0.9906
Epoch 4/5
1875/1875[ ============================= ] - 24s 13ms/step - loss:0.0246 -
accuracy:0.9925 - val_loss:0.0351 - val_accuracy:0.9887
Epoch 5/5
1875/1875[ ============================= ] - 25s 13ms/step - loss:0.0191 -
accuracy:0.9937 - val_loss:0.0243 - val_accuracy:0.9922
```

在这个示例中，加载了 MNIST 数据集并进行了预处理，然后构建了一个卷积神经网络模型进行训练。使用了 Conv2D 和 MaxPooling2D 层来构建卷积神经网络，并使用了 Dense 层来构建全连接层。最后使用了 Adam 优化器和交叉熵损失函数进行模型的编译和训练。

这段代码提供了一个简单的示例，在实际应用中可能需要更复杂的模型和更多的优化步骤，但这个示例可以帮助学习者入门卷积神经网络模型的构建和训练。

2. 使用 Python 的机器学习库（例如 Scikit – Learn）来进行文本分类

首先需要准备一个训练数据集和一个测试数据集，然后使用 Sci-

使用 PYTHON 的机器学习库（SCIKIT –
LEARN）来进行
文本分类

kit – Learn 库中的算法进行训练和预测。

```python
from sklearn.feature_extraction.text import TfidfVectorizer
from sklearn.linear_model import LogisticRegression
from sklearn.metrics import accuracy_score

#训练数据和标签
train_data = ["I love this movie","This movie is terrible","The acting is great"]
train_labels = ["positive","negative","positive"]

#测试数据和标签
test_data = ["The movie was amazing","I hated the film","The acting was awful"]
test_labels = ["positive","negative","negative"]

#特征提取
vectorizer = TfidfVectorizer()
train_features = vectorizer.fit_transform(train_data)
test_features = vectorizer.transform(test_data)

#训练分类器
classifier = LogisticRegression()
classifier.fit(train_features,train_labels)

#预测
predictions = classifier.predict(test_features)

#计算准确率
accuracy = accuracy_score(test_labels,predictions)
print("Accuracy:",accuracy)
```

运行结果：

```
Accuracy: 0.3333333333333333
```

任务评价

1. 评价指标：准确率、召回率、精确度和 F1 分数等。
2. 评价方法：使用测试集对训练好的模型进行评估，计算各个评价指标的数值。

任务评价表

任务名称	图像识别与自然语言处理				
评价项目	评价标准	分值标准	自评	互评	教师评价
任务完成情况	正确加载 MNIST 数据集并进行预处理	10 分			
	构建了卷积神经网络模型	10 分			
	按需求使用函数进行了模型训练	10 分			
	建立训练数据和标签	10 分			
	建立测试数据和标签	10 分			
	特征提取	5 分			
	计算出准确率	5 分			
工作态度	态度端正，工作认真	10 分			
工作完整	能按时完成全部任务	10 分			
协调能力	与小组成员之间能够合作交流、协调工作	10 分			
职业素质	能够做到安全生产，爱护公共设施	10 分			
合计		100 分			
综合评分（自评占 30%、小组互评占 20%、教师评价占 50%）					

（任务完成情况共 60 分）

拓展任务

1. 什么是卷积神经网络（CNN）？它在图像识别中的作用是什么？

2. 什么是词嵌入？为什么在自然语言处理中使用词嵌入技术？

拓展任务参考答案

3. 在图像识别中，什么是滑动窗口检测方法？它有什么优缺点？

4. 在自然语言处理中，什么是命名实体识别（NER）？举一个命名实体识别的应用场景。

5. 图像识别中常用的评估指标有哪些？简要说明每个指标的含义。

附录 1

Python 开发环境配置

共包括四个独立的配置操作：

－配置操作 1：在 Windows 上安装 Python 和 PyCharm。

－配置操作 2：在 Linux 上安装 Python 和 PyCharm。

－配置操作 3：使用 PyCharm 给 Python 安装第三方库。

－配置操作 4：使用 pip 给 Python 安装第三方库。

> 说明：本教材程序调试使用的软件环境如下。
>
> （1）环境一
>
> 操作系统：Windows 10（64 位）。
>
> 解释器：Python 3.10.4。
>
> 集成开发环境：PyCharm 2023.2.1（Community Edition）。
>
> （2）环境二
>
> 操作系统：CentOS 8。
>
> 解释器：Python 3.10.4。
>
> 集成开发环境：PyCharm 2023.2.1（Community Edition）。

配置操作 1　在 Windows 上安装 Python 和 PyCharm

步骤 1：访问 Python 的官方网址 https://www.python.org/，从菜单中选择"Downloads"→"Windows"，如附图 1－1 所示。

步骤 2：从 Python Releases for Windows 下载页面中选择一个版本进行下载，如附图 1－2 所示。建议选择"稳定版本"。

● "Windows 嵌入式程序包"下载后是一个扩展名为 .zip 的压缩包，如 python－3.10.4－embed－amd64.zip。解压缩后，可以单击 python.exe 文件直接运行 Python 解释器。Windows 嵌入式程序包的包内文件列表如附图 1－3 所示。

● "Windows 安装程序"下载后是一个扩展名为 .exe 的可执行程序，如 python－3.10.4－amd64.exe。双击该文件，即可开始安装 Python 解释器。

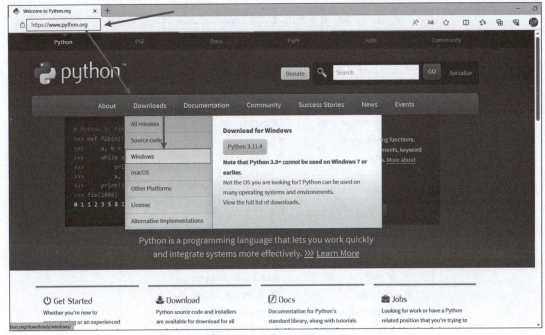

附图 1-1　Python 的官方网站

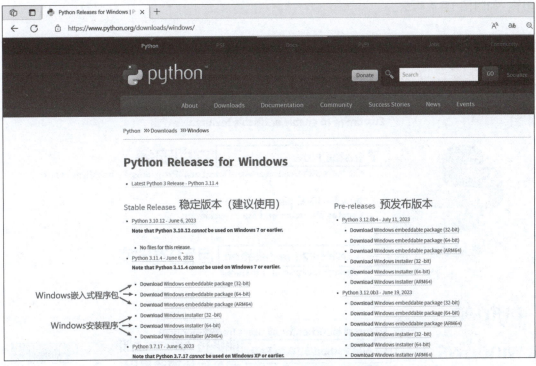

附图 1-2　各版本 Python 解释器下载页面

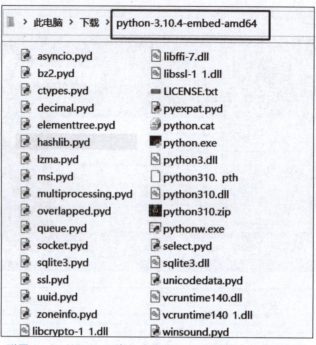

附图 1 - 3　Windows 嵌入式程序包（64 位）包内文件列表

步骤 3：双击下载的"Windows 安装程序"文件 python - 3. 10. 4 - amd64. exe，启动安装程序，如附图 1 - 4 所示。

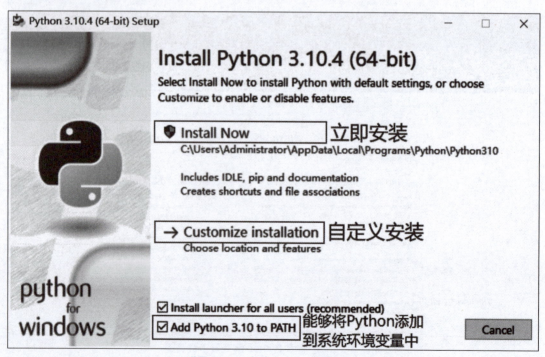

附图 1 - 4　启动 Python 安装程序

• 如果选择"Install Now（立即安装）"：

◇ 安装者不需要成为系统管理员（除非需要对 C 运行库进行系统更新，或者为所有用户安装适用于 Windows 的 Python 启动器）；

◇ Python 将安装到程序员的用户目录中；

◇ 适用于 Windows 的 Python 启动器，将根据页面底部的选项安装；

◇ 将安装标准库，测试套件、启动器和 pip；

◇ 如果勾选页面底端的"Add Python 3.10 to PATH"，将把安装目录添加到 PATH（系统环境变量）中；

◇ 快捷方式仅对当前用户可见。

• 如果选择"Customize installation（自定义安装）"：

◇ 可以实现为全部用户安装；

◇ 安装者可能需要提供管理员的凭据；

◇ Python 将安装到默认的 Program Files 目录中；

◇ 适用于 Windows 的 Python 启动器，将安装到 Windows 目录中；

◇ 安装过程中可以选择可选功能；

◇ 标准库可以预编译为字节码；

◇ 如果勾选页面底端的"Add Python 3.10 to PATH"，将把安装目录添加到 PATH（系统环境变量）中；

◇ 快捷方式所有用户均可用。

注意：如果选择"Customize installation（自定义安装）"，将允许安装者选择要安装的功能、安装位置、其他选项或安装后的操作。如果要安装调试符号或二进制文件，必须使用此选项。

本任务选择"Customize installation（自定义安装）"。

步骤 4：可选功能如附图 1-5 所示。

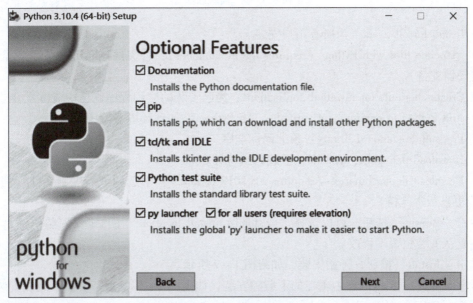

附图 1-5　选定的特性

- Documentation：安装 Python 文档文件。
- pip：安装 pip，可以下载和安装其他 Python 包。
- td/tk and IDLE：安装 tkinter 和 IDLE 开发环境。
- Python test suite：安装标准库测试套件。
- py launcher：Python 启动器。
- for all users（requires elevation）：安装全局"Python 启动器"，以便更容易地启动 Python。

步骤 5：高级选项如附图 1-6 所示。

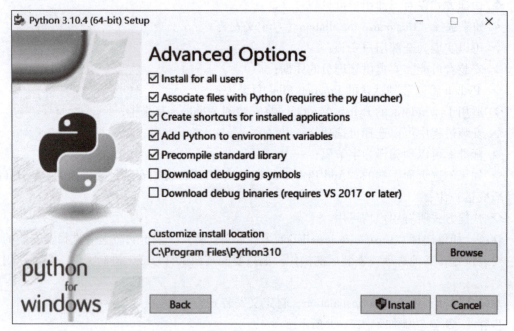

附图 1-6　高级选项

- Install for all users：为所有用户安装。
- Associate files with Python（requires the py launcher）：将文件与 Python 关联（需要 Python 启动器支持）。
- Create shortcuts for installed applications：为已安装的应用程序创建快捷方式。
- Add Python to environment variables：将 Python 添加到环境变量中。
- Precompile standard library：预编译标准库。
- Download debugging symbols：下载调试符号。
- Download debug binaries（requires VS 2017 or later）：下载调试二进制文件（需要 VS 2017 或更高版本支持）。

单击"Browse"按钮，可以选择"Customize install location"（自定义安装位置），也可以保持默认安装位置不修改。

单击"Install"按钮，开始安装，如附图 1-7 所示。

以上步骤完成了 Python 编辑器的下载和安装，如附图 1-8 所示。下面下载和安装集成开发环境（IDE），以 PyCharm 为例。

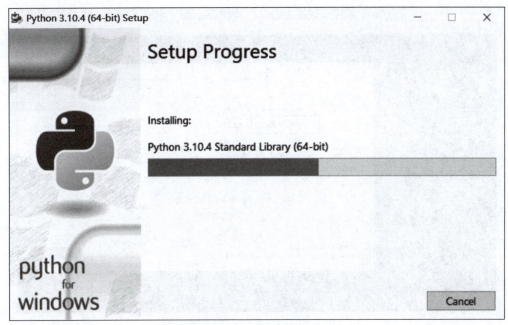

附图 1 - 7　安装进程

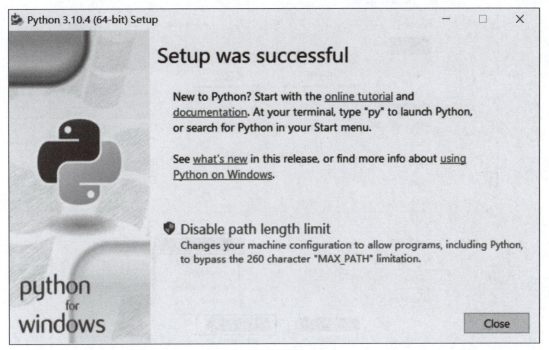

附图 1 - 8　安装成功

　　步骤 6：访问 JetBrains 官方网址 https：//www. jetbrains. com. cn/，从菜单中选择"开发者工具"→"PyCharm"。如附图 1 - 9 所示。

　　步骤 7：从 PyCharm 页面中选择需要下载的版本，单击下载相应的 . exe 安装文件，如附图 1 - 10 所示。

高级编程技术应用（Python）

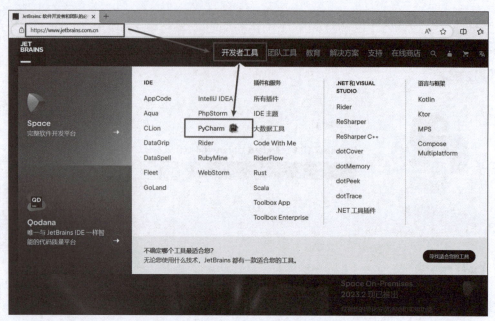

附图 1-9　JetBrains 官方网址

附图 1-10　选择安装版本的界面

● Community Edition（社区版）是 Python 开发中的入门版，虽然相比于专业版和教育版，它功能较为简单，但是对于初学者而言已经足够，它包括 Python 编辑、调试、单元测量等基础功能。

● Professional Edition（专业版）是为专业开发者量身打造的，除了包括社区版的所有功能外，还增加了更多的高级功能，包括对 Django、Flask、Google App Engine、Pyramid 等框架和技术支持，提供更加完善的数据科学支持，以及对 JavaScript、TypeScript、HTML/CSS、SQL 等的支持。

● Educational Edition（教育版）是针对学生和教师而推出的版本，它是完全免费的，在学习和教学方面都提供了很多的帮助。教育版功能和专业版非常类似，但不支持部分商用功能和第三方插件。

本任务选择"Educational Edition"（教育版）。

步骤 8：双击下载完成的 PyCharm 安装程序，如 pycharm - community - 2023.2. exe，启动安装程序，如附图 1 – 11 所示。首先为 PyCharm 选择安装位置，如附图 1 – 12 所示。

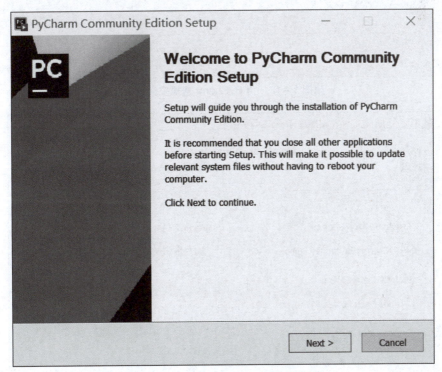

附图 1 – 11　PyCharm 开始安装界面

步骤 9：勾选 PyCharm 安装选项，如附图 1 – 13 所示。

● Create Desktop Shortcut：创建 PyCharm Community Edition 桌面快捷方式。

● Update PATH Variable（restart needed）：更新 PATH 变量（需要重新启动），将 bin 目录添加到环境变量中。

● Update Context Menu：更新上下文菜单，增加"Open Folder as Project（以项目方式打开目录）"。

● Create Associations：将扩展名为 .py 文件的打开方式与 PyCharm 关联。

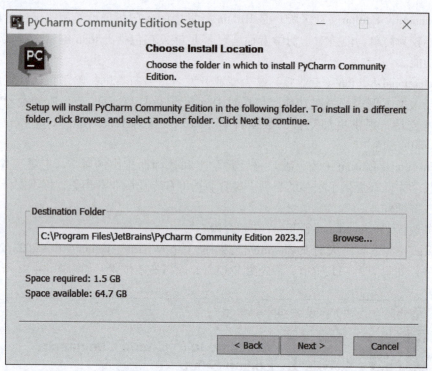

附图 1 - 12　为 PyCharm 选择安装位置

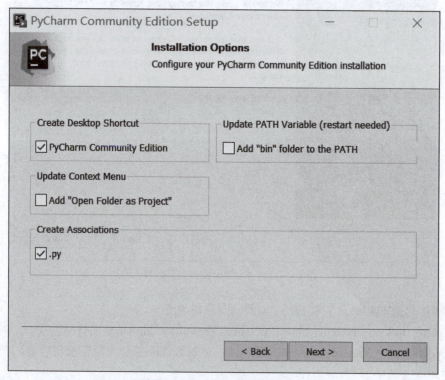

附图 1 - 13　PyCharm 安装选项

　　步骤 10：在"开始"菜单中创建 JetBrains 快捷标签，可以自己定义标签的名称，如附图 1 - 14 所示。单击"Install"按钮，开始安装 PyCharm，如附图 1 - 15 所示。

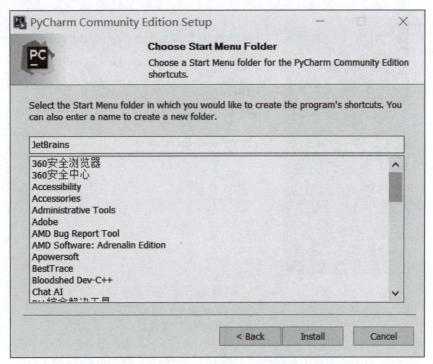

附图 1 −14　在"开始"菜单中创建 JetBrains 快捷标签

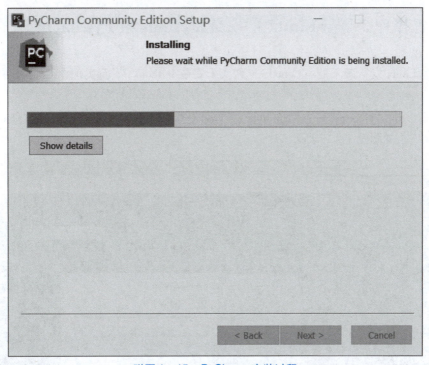

附图 1 −15　PyCharm 安装过程

　　步骤 11：安装完成后，勾选"Run PyCharm Community Edition"，单击"Finish"按钮，可以在安装完成后立即自动运行 PyCharm，如附图 1 −16 所示。

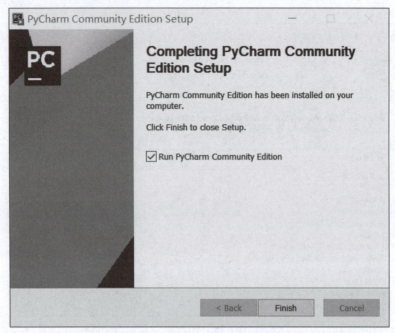

附图 1 – 16　PyCharm 安装完成

至此，安装了 Windows 操作系统的工作机已经搭建好了 Python 编程环境。

配置操作 2　**在 Linux 上安装 Python 和 PyCharm**

与其他 Linux 发行版不同，CentOS 8 默认未安装 Python。下面实现在 CentOS 8 系统上安装 Python。

步骤 1：访问 Python 的官方网址 https://www.python.org/，从菜单中选择 "Downloads"→"All releases"，如附图 1 – 17 所示。

附图 1 –17　Python 的官方网站

步骤 2：从 Downloads 页面中选择"Linux/UNIX"，如附图 1 – 18 所示。

附图 1 – 18　Linux/UNIX 的 Downloads 页面

步骤 3：从 Source code 列表中选择需要的 Python 解释器版本，此时不要用单击的方式下载，而是在要下载的版本链接上右击，在弹出的快捷菜单中选择"复制链接"，如附图 1 – 19 所示。

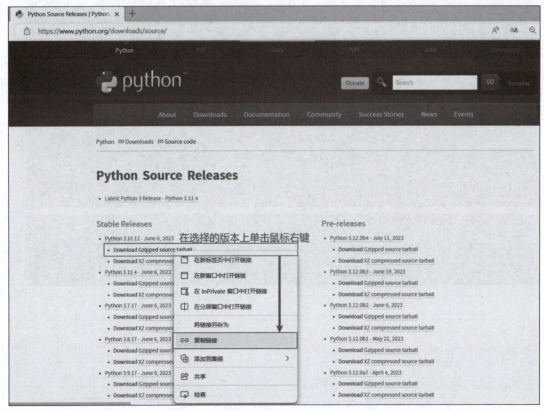

附图 1 – 19　复制链接

然后将复制的地址粘贴在记事本中暂存备用。本任务将下载安装 Python3.10.4 版本的解释器，因此复制粘贴到记事本中的链接地址就是 https://www.python.org/ftp/python/3.10.4/Python-3.10.4.tgz。

注意：Python 是区分大小写的，在后面使用此地址时，注意大小写。

步骤4：以 root 用户登录要安装 Python 解释器的 Linux 系统，打开"终端"窗口，依次输入并运行下列命令：

查看 Linux 版本

```
[root@ 192 ~]#uname - r
4.18.0 -500.el8.x86_64
```

部署依赖软件包,如图所示

```
[root@ 192 ~]#yum install zlib - devel bzip2 - devel openssl - devel ncurses - devel
sqlite - devel readline - devel tk - devel libffi - devel gcc make - y
```

查看 OpenSSL 包

```
[root@ 192 ~]#openssl version
```

创建 Python 安装目录

```
[root@ 192 ~]#mkdir/usr/local/python3.10
```

续表

进入 tmp 目录中

［root@ 192 ~ ］#cd/tmp

从 Python 官网下载 Python 3.10.4 安装包（本命令中用到的下载地址就是步骤 3 中暂存的地址）

［root@ 192 tmp］#wget https://www.python.org/ftp/python/3.10.4/Python－3.10.4.tgz

```
[root@192 tmp]# wget https://www.python.org/ftp/python/3.10.4/Python-3.10.4.tgz
--2023-08-05 17:48:39--  https://www.python.org/ftp/python/3.10.4/Python-3.10.4.tgz
正在解析主机 www.python.org (www.python.org)... 146.75.112.223, 2a04:4e42:8c::223
正在连接 www.python.org (www.python.org)|146.75.112.223|:443... 已连接。
已发出 HTTP 请求, 正在等待回应... 200 OK
长度: 25612387 (24M) [application/octet-stream]
正在保存至:  Python-3.10.4.tgz"

Python-3.10.4.tgz        100%[===================================================>]  24.43M   743KB/s    用时 38s

2023-08-05 17:49:18 (655 KB/s) - 已保存  Python-3.10.4.tgz" [25612387/25612387])
```

解压缩 Python 3.10.4 安装包

［root@ 192 tmp］#tar－xvf Python－3.10.4.tgz

```
[root@192 tmp]# tar -xvf Python-3.10.4.tgz
Python-3.10.4/
Python-3.10.4/Mac/
Python-3.10.4/Mac/README.rst
Python-3.10.4/Mac/Icons/
Python-3.10.4/Mac/Icons/PythonLauncher.icns
Python-3.10.4/Mac/Icons/IDLE.icns
Python-3.10.4/Mac/Icons/PythonCompiled.icns
Python-3.10.4/Mac/Icons/ReadMe.txt
Python-3.10.4/Mac/Icons/PythonSource.icns
Python-3.10.4/Mac/Icons/Disk Image.icns
Python-3.10.4/Mac/Icons/Python Folder.icns
Python-3.10.4/Mac/Tools/
Python-3.10.4/Mac/Tools/pythonw.c
Python-3.10.4/Mac/Tools/plistlib_generate_testdata.py
Python-3.10.4/Mac/Makefile.in
Python-3.10.4/Mac/Resources/
Python-3.10.4/Mac/Resources/framework/
Python-3.10.4/Mac/Resources/framework/Info.plist.in
Python-3.10.4/Mac/Resources/app/
Python-3.10.4/Mac/Resources/app/PkgInfo
Python-3.10.4/Mac/Resources/app/Resources/
Python-3.10.4/Mac/Resources/app/Resources/PythonApplet.icns
Python-3.10.4/Mac/Resources/app/Resources/PythonInterpreter.icns
Python-3.10.4/Mac/Resources/app/Info.plist.in
```

（部分）

执行配置文件

［root@ 192 tmp］#cd/tmp/Python－3.10.4

［root@ 192 Python－3.10.4］#./configure－－prefix＝/usr/local/python3.10

```
configure: creating ./config.status
config.status: creating Makefile.pre
config.status: creating Misc/python.pc
config.status: creating Misc/python-embed.pc
config.status: creating Misc/python-config.sh
config.status: creating Modules/ld_so_aix
config.status: creating pyconfig.h
creating Modules/Setup.local
creating Makefile

If you want a release build with all stable optimizations active (PGO, etc),
please run ./configure --enable-optimizations
```

（运行结果 靠前部分截图 略）

根据提示执行如下代码，可对Python解释器进行优化。执行后，无须再进行其他配置即可直接使用python3命令调用Python 编辑器。

［root@ 192 Python－3.10.4］#./configure－－enable－optimizations

编译并安装程序

［root@ 192 Python - 3.10.4］#make && make install

注：此过程需要进行较长时间。

```
Processing /tmp/tmp33x6b_1h/setuptools-58.1.0-py3-none-any.whl
Processing /tmp/tmp33x6b_1h/pip-22.0.4-py3-none-any.whl
Installing collected packages: setuptools, pip
Successfully installed pip-22.0.4 setuptools-58.1.0
WARNING: Running pip as the 'root' user can result in broken permissions and conflicting behaviour
 with the system package manager. It is recommended to use a virtual environment instead: https://
pip.pypa.io/warnings/venv
```

查看 Python 版本

［root@ 192 Python - 3.10.4］#python3 -- version

Python 3.10.4

安装成功。

注：在运行以上命令过程中，请保持网络连通，工作机能连接 Internet。

以上步骤完成了 Python 编辑器的下载和安装。下面下载和安装集成开发环境（IDE），以 PyCharm 为例。

步骤 5：以 root 用户登录要安装 PyCharm 的 Linux 系统，打开"终端"窗口，依次输入并运行下列命令：

从 Jetbrains 官网下载 PyCharm 安装包

［root@ 192 ~］#wget https://download.jetbrains.com/python/pycharm - community - 2023.2.
tar.gz

```
                                    root@192:~                                    ×
文件(F) 编辑(E) 查看(V) 搜索(S) 终端(T) 帮助(H)
[root@192 ~]# wget https://download.jetbrains.com/python/pycharm-community-2023.2.tar.gz
--2023-08-05 20:54:30--  https://download.jetbrains.com/python/pycharm-community-2023.2.tar.gz
正在解析主机 download.jetbrains.com (download.jetbrains.com)... 63.34.251.185, 63.32.125.108, 2a05:d
018:13b2:dd03:5148:b2c4:8ccf:950a, ...
正在连接 download.jetbrains.com (download.jetbrains.com)|63.34.251.185|:443... 已连接。
已发出 HTTP 请求，正在等待回应... 302 Moved Temporarily
位置: https://download.jetbrains.com.cn/python/pycharm-community-2023.2.tar.gz [跟随至新的 URL]
--2023-08-05 20:54:31--  https://download.jetbrains.com.cn/python/pycharm-community-2023.2.tar.gz
正在解析主机 download.jetbrains.com.cn (download.jetbrains.com.cn)... 120.52.12.74, 120.52.12.94, 12
0.52.12.76, ...
正在连接 download.jetbrains.com.cn (download.jetbrains.com.cn)|120.52.12.74|:443... 已连接。
已发出 HTTP 请求，正在等待回应... 200 OK
长度: 583032691 (556M) [binary/octet-stream]
正在保存至： bycharm-community-2023.2.tar.gz"

pycharm-community-2023.2 100%[===================================>] 556.02M  4.29MB/s  用时 2m 26s

2023-08-05 20:56:57 (3.82 MB/s) - 已保存  bycharm-community-2023.2.tar.gz" [583032691/583032691])
```

解压缩 PyCharm 包

［root@ 192 ~］#tar - xzvf pycharm - community - 2023.2. tar.gz - C/tmp

续表

```
[root@192 ~]# tar -xzvf pycharm-community-2023.2.tar.gz -C /tmp
pycharm-community-2023.2/
pycharm-community-2023.2/bin/
pycharm-community-2023.2/bin/pycharm.svg
pycharm-community-2023.2/help/
pycharm-community-2023.2/help/ReferenceCardForMac.pdf
pycharm-community-2023.2/help/ReferenceCard.pdf
pycharm-community-2023.2/lib/
pycharm-community-2023.2/lib/jetbrains-annotations.jar
pycharm-community-2023.2/lib/util-8.jar
pycharm-community-2023.2/lib/intellij-coverage-agent-1.0.723.jar
pycharm-community-2023.2/lib/lib-client.jar
pycharm-community-2023.2/lib/app.jar
pycharm-community-2023.2/lib/intellij-test-discovery.jar
pycharm-community-2023.2/lib/modules.jar
pycharm-community-2023.2/lib/error-prone-annotations.jar
pycharm-community-2023.2/lib/util.jar
```

至此，安装了 Linux 操作系统的工作机已经搭建好了 Python 编程环境。下面对如何在 Linux 系统上运行 PyCharm 进行简要说明。

步骤 6：打开"终端"窗口，依次输入并运行下列命令。

```
进入目录
[root@192 ~]#cd/tmp/pycharm-community-2023.2/bin
运行 PyCharm
[root@192 bin]#./pycharm.sh
```

步骤 7：在出现的"用户协议"对话框中，勾选"I confirm that I have read and accept the terms of this User Agreement"，单击"Continue"按钮，如附图 1-20 所示。在出现的"数据共享"对话框中，单击"Send Anonymous Statistics"按钮，如附图 1-21 所示。

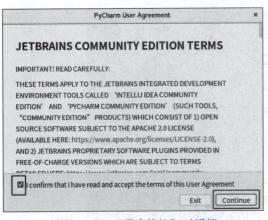

附图 1-20　"用户协议"对话框

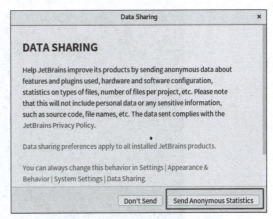

附图 1-21　"数据共享"对话框

步骤 8：出现 PyCharm 的欢迎界面，PyCharm 启动成功，如附图 1-22 所示。

附图 1 - 22　PyCharm 的欢迎界面

配置操作 3　使用 PyCharm 给 Python 安装第三方库

步骤 1：在 Windows 系统中运行 PyCharm，新建一个 Project，如附图 1 - 23 所示。

附图 1 - 23　运行 PyCharm 新建一个 Project

步骤 2：为 New Project 指定一个新建文件夹，单击"Create"按钮，如附图 1 – 24 所示。注：这个文件夹应该已经建好，同时文件夹应该是空的。

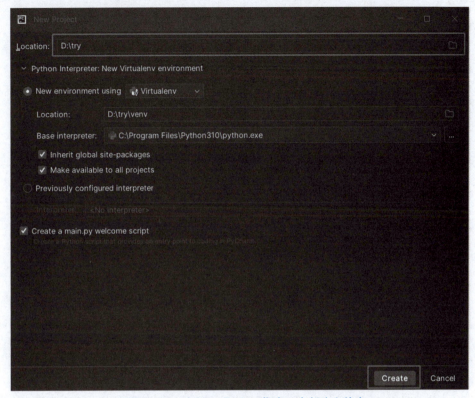

附图 1 – 24　为 New Project 指定一个新建文件夹

步骤 3：单击"File"菜单，在下拉菜单中选择"Settings…"，如附图 1 – 25 所示。

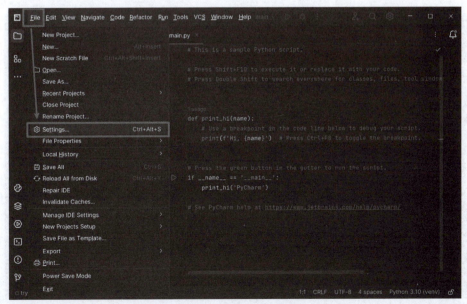

附图 1 – 25　选择"Settings…"

步骤4：在 Settings 页面中，选择 Project 下的"Python Interpreter"，然后在右侧单击"+"按钮，如附图 1-26 所示。

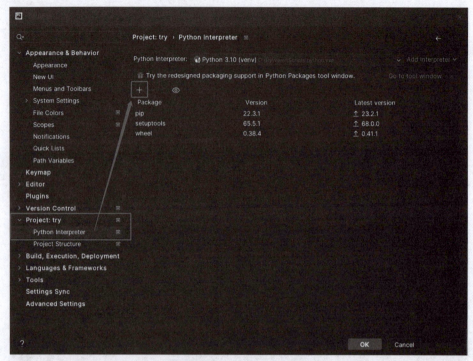

附图 1-26　Settings 页面

步骤5：在获取包对话框中，如果列表是空的，就单击"刷新"按钮。在顶部的查询框中输入要安装的第三方库名称，如"numpy"。如果有此第三方库，列表会高亮显示这个第三方库的名称，右侧会显示基本信息。然后单击对话框下方的"Install Package"按钮，如附图 1-27 所

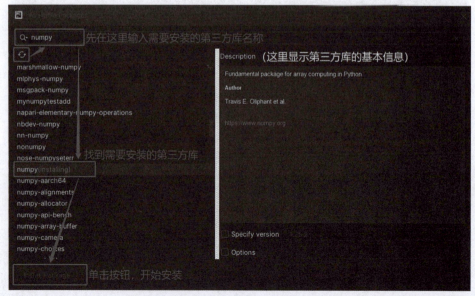

附图 1-27　安装第三方库 NumPy

示。安装过程会持续一段时间，安装完成后，对话框中会显示"Package XXX installed successfully"字样，如附图 1 –28 所示。

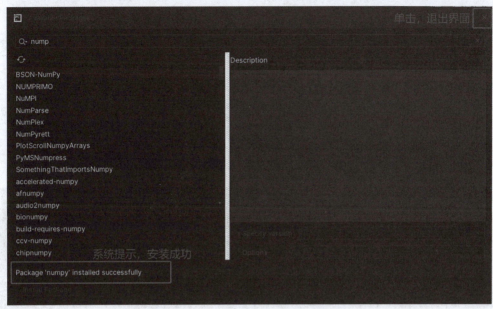

附图 1 –28　第三方库 NumPy 安装完成

　　步骤 6：第三方库列表中已经能够看到安装完成的名称，单击"OK"按钮，结束操作，如附图 1 –29 所示。

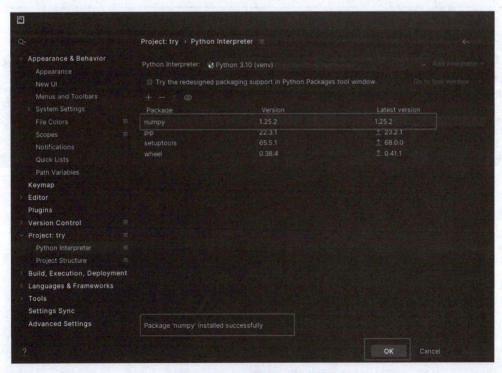

附图 1 –29　查看结果，结束操作

配置操作 4　使用 pip 给 Python 安装第三方库

步骤 1：以 root 用户登录 Linux 系统，打开"终端"窗口，依次输入并运行下列命令。

```
查看 pip 版本
[root@ 192 ~]#pip3 --version
pip 22.0.4 from/usr/local/lib/python3.10/site-packages/pip(python 3.10)
```

```
升级 pip 版本
[root@ 192 ~]#pip3 install --upgrade pip
```

```
[root@192 ~]# pip3 install --upgrade pip
Requirement already satisfied: pip in /usr/local/lib/python3.10/site-packages (22.0.4)
Collecting pip
  Downloading pip-23.2.1-py3-none-any.whl (2.1 MB)
                                        2.1/2.1 MB 1.7 MB/s eta 0:00:00
Installing collected packages: pip
  Attempting uninstall: pip
    Found existing installation: pip 22.0.4
    Uninstalling pip-22.0.4:
      Successfully uninstalled pip-22.0.4
Successfully installed pip-23.2.1
WARNING: Running pip as the 'root' user can result in broken permissions and conflicting behaviour with the system
package manager. It is recommended to use a virtual environment instead: https://pip.pypa.io/warnings/venv
```

```
[root@ 192 ~]#pip3 --version
pip 23.2.1 from/usr/local/lib/python3.10/site-packages/pip(python 3.10)
```

步骤 2：安装 Python 第三方库（以安装 NumPy 为例）。

```
用 pip3 安装 NumPy
[root@ 192 ~]#pip3 install numpy
```

```
[root@192 ~]# pip3 install numpy
Collecting numpy
  Obtaining dependency information for numpy from https://files.pythonhosted.org/packages/71/3c/3b1981c6a1986adc9e
e7db760c0c34ea5b14ac3da9ecfcf1ea2a4ec6c398/numpy-1.25.2-cp310-cp310-manylinux_2_17_x86_64.manylinux2014_x86_64.whl
.metadata
  Downloading numpy-1.25.2-cp310-cp310-manylinux_2_17_x86_64.manylinux2014_x86_64.whl.metadata (5.6 kB)
Downloading numpy-1.25.2-cp310-cp310-manylinux_2_17_x86_64.manylinux2014_x86_64.whl (18.2 MB)
                                        18.2/18.2 MB 394.4 kB/s eta 0:00:00
Installing collected packages: numpy
Successfully installed numpy-1.25.2
WARNING: Running pip as the 'root' user can result in broken permissions and conflicting behaviour with the system
package manager. It is recommended to use a virtual environment instead: https://pip.pypa.io/warnings/venv
```

```
查看已安装的 Python 第三方库
[root@ 192 ~]#pip3 list
```

```
[root@192 ~]# pip3 list
Package      Version
----------   -------
numpy        1.25.2        第三方库 NumPy 安装成功
pip          23.2.1
setuptools   58.1.0
```

续表

测试 Python 是否能够正常导入 NumPy

［root@ 192 ~］#python3

```
[root@192 ~]# python3
Python 3.10.4 (main, Aug  5 2023, 18:16:57) [GCC 8.5.0 20210514 (Red Hat 8.5.0-20)] on linux
Type "help", "copyright", "credits" or "license" for more information.
>>> import numpy
>>>                    无错误提示，导入成功
>>>
```

附录 2
Python 保留关键字

在 Python 中，保留关键字是指那些已经被 Python 语言赋予了特殊意义的单词，因此不能用作变量名、函数名或任何其他标识符名称。附表 2−1 列出了 Python 语言中的保留关键字（以 Python 3 为准）。

附表 2−1　Python 语言中的保留关键字

False	def	if	raise	None	del	import	return
True	elif		in	try	and	else	is
while	as		except	lambda	with	assert	finally
nonlocal	yield		break	for	not	class	from
or	continue		global	pass			

这些保留关键字都有其特定的用途和含义。以下是每个关键字的简要说明。
- False：布尔值假。
- None：表示没有值，相当于其他语言中的 null。
- True：布尔值真。
- and：逻辑与操作。
- as：用于创建别名，常用在 import 语句或 with 语句中。
- assert：用于调试目的，测试条件，如果条件为假，则引发 AssertionError。
- break：用于立即退出循环体。
- class：用于定义新的类。
- continue：跳过当前循环的剩余代码，直接开始下一次循环。
- def：用于定义函数或方法。
- del：用于删除对象的引用。
- elif：用于 if 语句中，表示如果前面的 if 或 elif 条件不满足且当前条件满足时执行代码块。
- else：用于 if 语句中，表示如果前面所有的 if 和 elif 条件都不满足时执行的代码块；也用于 for 和 while 循环中，表示循环正常结束后执行的代码块。
- except：用于捕获和处理异常。
- finally：无论是否发生异常，finally 块中的代码都会被执行。

- for：用于创建循环。
- from：用于指定要从哪个模块导入特定部分（函数、类等）。
- global：声明变量为全局变量。
- if：条件语句，用于执行基于一定条件为真的代码块。
- import：用于导入模块。
- in：检查成员是否存在于序列中，也用于 for 循环中。
- is：比较两个对象是否为同一对象，即比较内存地址。
- lambda：创建匿名函数。
- nonlocal：声明一个变量不属于本地范围，尤指在嵌套函数中。
- not：逻辑非操作。
- or：逻辑或操作。
- pass：空语句，占位符，无任何操作。
- raise：引发异常。
- return：函数中用来返回值。
- try：开始一个错误处理块。
- while：创建一个基于条件为真的循环。
- with：用于简化异常处理，自动处理资源打开和关闭。
- yield：用于从函数中返回一个生成器。

要获取当前所使用的 Python 解释器的关键字列表，可以使用 keyword 模块：

```
import keyword
print(keyword.kwlist)
```

运行之后的代码，会输出当前使用的 Python 解释器所支持的所有关键字。这个列表对于确保程序员不会不小心使用了 Python 的保留关键字作为标识符是很有用的。

附录 3

ASCII 码与字符之间的对应表

ASCII 值	控制字符	ASCII 值	控制字符	ASCII 值	控制字符	ASCII 值	控制字符
0	NUT	21	NAK	42	*	63	?
1	SOH	22	SYN	43	+	64	@
2	STX	23	TB	44	,	65	A
3	ETX	24	CAN	45	–	66	B
4	EOT	25	EM	46	.	67	C
5	ENQ	26	SUB	47	/	68	D
6	ACK	27	ESC	48	0	69	E
7	BEL	28	FS	49	1	70	F
8	BS	29	GS	50	2	71	G
9	HT	30	RS	51	3	72	H
10	LF	31	US	52	4	73	I
11	VT	32	（space）	53	5	74	J
12	FF	33	!	54	6	75	K
13	CR	34	"	55	7	76	L
14	SO	35	#	56	8	77	M
15	SI	36	$	57	9	78	N
16	DLE	37	%	58	:	79	O
17	DCI	38	&	59	;	80	P
18	DC2	39	,	60	<	81	Q
19	DC3	40	(	61	=	82	R
20	DC4	41	)	62	>	83	S

续表

ASCII 值	控制字符	ASCII 值	控制字符	ASCII 值	控制字符	ASCII 值	控制字符
84	T	95	–	106	j	117	u
85	U	96	、	107	k	118	v
86	V	97	a	108	l	119	w
87	W	98	b	109	m	120	x
88	X	99	c	110	n	121	y
89	Y	100	d	111	o	122	z
90	Z	101	e	112	p	123	{
91	[	102	f	113	q	124	l
92	\	103	g	114	r	125	}
93	]	104	h	115	s	126	~
94	^	105	i	116	t	127	DEL

附录 4

字符串和列表的内置方法

在 Python 中，字符串（str）和列表（list）都是内置的数据类型，它们都拥有一系列的内置方法，允许执行常见的操作而无须编写额外的代码。这些方法可以直接在字符串或列表对象上调用。

（一）字符串的内置方法

以下是一些常用的字符串内置方法。
- capitalize()：将字符串的第一个字母转换为大写。
- upper()：将字符串中所有字母字符转换为大写。
- lower()：将字符串中所有字母字符转换为小写。
- strip()：返回一个新的字符串，其两端的空白字符已经被移除。
- lstrip()：返回一个新的字符串，其开头的空白字符已经被移除。
- rstrip()：返回一个新的字符串，其结尾的空白字符已经被移除。
- split()：将字符串分割为列表。
- join()：将列表或其他可迭代对象中的元素连接成一个字符串。
- replace(old,new)：返回一个新字符串，所有的 old 子字符串被 new 替换。
- find(sub)：返回子字符串 sub 在字符串中首次出现的索引位置，如果没有找到，则返回 -1。
- count(sub)：返回子字符串 sub 在字符串中出现的次数。
- startswith(prefix)：检查字符串是否以 prefix 开头。
- endswith(suffix)：检查字符串是否以 suffix 结尾。
- format()：使用格式化操作来创建一个新的字符串。

（二）列表的内置方法

以下是一些常用的列表内置方法。
- append(x)：在列表的末尾添加一个元素 x。
- extend(iterable)：使用可迭代对象中的所有元素来扩展列表。
- insert(i,x)：在给定的位置 i 插入一个元素 x。
- remove(x)：移除列表中第一个值为 x 的元素。

– pop（[i]）：移除列表中给定位置 i 的元素，并返回它。如果没有指定位置，将移除并返回列表中的最后一个元素。

　　– clear（）：移除列表中的所有元素。

　　– index（x[,start[,end]]）：返回列表中第一个值为 x 的元素的索引，可以指定搜索的开始和结束位置。

　　– count（x）：返回 x 在列表中出现的次数。

　　– sort（key = None,reverse = False）：将列表中的元素排序（参数可选）。

　　– reverse（）：反转列表中的元素。

　　– copy（）：返回列表的一个浅拷贝。

以下是字符串和列表方法的一些简单示例。

```python
#字符串示例
s = " hello,world!"
print(s.strip())              #"hello,world!"
print(s.upper())              #" HELLO,WORLD!"
print('hello'.capitalize())   #"Hello"
print(','.join(['a','b','c']))  #"a,b,c"
print('hello world'.replace('world','Python'))  #"hello Python"

#列表示例
lst = [1,2,3,4,5]
lst.append(6)             #lst 现在是[1,2,3,4,5,6]
lst.extend([7,8])         #lst 现在是[1,2,3,4,5,6,7,8]
print(lst.pop())          #输出 8,lst 现在是[1,2,3,4,5,6,7]
lst.sort(reverse = True)   #lst 现在是[7,6,5,4,3,2,1]
```

　　这些方法都是 Python 语言为了方便操作字符串和列表而提供的工具，熟练使用这些方法将极大地提高编码效率和代码的可读性。

附录 5
创建 CSV 文件的方法

本教材中数据处理实验多需要准备 CSV 文件。可以按照以下步骤创建一个 CSV 文件。

1. 打开文本编辑器：打开一个文本编辑器，例如记事本、Sublime Text、Notepad ++ 等。

2. 创建表头：在文件的第一行输入表头信息。每个表头之间使用逗号分隔。例如，如果创建一个包含姓名、年龄和性别的表格，表头可以是"姓名，年龄，性别"。

3. 添加数据行：在接下来的行中，逐行输入数据。每行数据应与表头中的相应字段对应，并使用逗号分隔每个字段的值。例如，如果要添加"张三，20，男"这一数据行，可以在第二行输入"张三，20，男"。

4. 保存文件：将文件保存为 CSV 格式。在保存文件时，选择文件类型为"CSV 文件"或"纯文本文件"。文件名可以任意命名，但建议使用".csv"作为文件扩展名。

注意事项：

– 每个字段的值可以包含任意文本，但如果字段的值中包含逗号、双引号或换行符等特殊字符，建议使用双引号将整个字段的值包裹起来。例如："张三，20 岁，"男""。

– 如果字段的值中包含双引号，可以使用两个双引号来表示一个实际的双引号。例如："这个字段包含了""引号""。"

– CSV 文件没有单独的行结束标记，每一行数据都以换行符结束。

这样就可以建立一个简单的 CSV 文件了。可以使用文本编辑器或任何支持 CSV 文件的程序来打开和编辑 CSV 文件。